昭通市第二次全国农业污染源普查报告

◎《昭通市第二次全国农业污染源普查报告》编写组　编

中国农业科学技术出版社

图书在版编目（CIP）数据

昭通市第二次全国农业污染源普查报告／《昭通市第二次全国农业污染源普查报告》编写组编 . —北京：中国农业科学技术出版社，2020. 10
ISBN 978-7-5116-4816-7

Ⅰ . ①昭… Ⅱ . ①昭… Ⅲ . ①农业污染源–污染源调查–调查报告–昭通
Ⅳ . ①X508. 274

中国版本图书馆 CIP 数据核字（2020）第 106215 号

责任编辑　　金　迪　崔改泵
责任校对　　贾海霞

出 版 者　　中国农业科学技术出版社
　　　　　　北京市中关村南大街 12 号　邮编：100081
电　　话　　（010）82109194（编辑室）　（010）82109702（发行部）
　　　　　　（010）82109709（读者服务部）
传　　真　　（010）82109698
网　　址　　http：//www.castp.cn
经 销 者　　各地新华书店
印 刷 者　　北京建宏印刷有限公司
开　　本　　787mm×1 092mm　1/16
印　　张　　8.5
字　　数　　176 千字
版　　次　　2020 年 10 月第 1 版　2020 年 10 月第 1 次印刷
定　　价　　86.00 元

《昭通市第二次全国农业污染源普查报告》
编 委 会

主　　任：李启章
副主任：赵怀勇　　申时勇　　鲁朝富　　浦　勇　　赵高慧
　　　　　向树阳　　马江林　　崔　荣　　庄清海　　李文奖
委　　员：陈　虹　　郭云花　　王才勇　　刘　涛　　李　静
　　　　　李玉兰

编 写 人 员

主　　编：阮荣辉
副主编：李富萍　　马　艳　　宋家雄　　陈发国　　张定红
　　　　　陈选贵
编　　者：胡德波　　石安宪　　覃兴合　　胡明成　　全　勇
　　　　　鲁绍凤　　李安艳　　王　芳　　尤正荣　　刘　湘
　　　　　范海鹰　　欧阳莉　　杜　楠　　李　翔　　付怡箐
　　　　　李才荣　　杨　皕　　秦明菊

前　　言

　　全国污染源普查是一项重大国情调查，也是环境保护的基础性工作。第二次全国污染源普查是根据《全国污染源普查条例》"每 10 年开展一次全国污染源普查工作"之规定，在 2007 年第一次全国污染源普查工作的基础上，由国务院于 2016 年 10 月发文决定于 2017 年开始的全国范围内开展的普查工作。根据《国务院关于开展第二次全国污染源普查的通知》（国发〔2016〕59 号）文件要求，此次普查要摸清各类污染源基本情况，了解污染源数量、结构和分布状况，掌握国家、区域、流域、行业污染物产生、排放和处理情况，建立健全重点污染源档案、污染源信息数据库和环境统计平台，为加强污染源监管、改善环境质量、防控环境风险、服务环境与发展提供科学的决策依据。

　　农业部门的普查对象为纳入农业统计的农业生产活动对象，包括种植业、畜禽养殖业和水产养殖业。普查的标准时点为 2017 年 12 月 31 日，时期资料为 2017 年年度资料，2018 年开始全面普查登记，2019 年完成成果总结与发布。

　　"昭通市第二次全国农业污染源普查"工作，是根据上级部门的统一安排和部署，于 2018 年 6 月正式启动，至 2020 年 1 月国家正式完成数据定库。整个普查工作开展期间，昭通市农业污染源普查领导小组及市、县工作人员，严格按照《中华人民共和国统计法》和《全国污染源普查条例》的规定和相关普查技术方案要求，经过近两年的艰辛努力，克服种种困难，圆满完成了各项工作任务，做到不虚报、瞒报、拒报、迟报、伪造、篡改普查资料，按时、如实填报普查数据，确保了基础数据的真实可靠。

　　《昭通市第二次全国农业污染源普查报告》分为"昭通市第二次全国农业污染源普查工作报告"和"昭通市第二次全国农业污染源普查数据分析报告"两部分内容，是全市农业普查人员辛勤劳动的重要成果。报告中使用分析的数据为国家定库认可的基础数据，来源为统计数据、国土数据、部门数据、行业数据和普查数据。优先采用统计法定数据，其次为国土数据、部门数据、行业数据的顺序进行研判，因而，可能出现部分数据与各部门统计掌握的数据有一定偏差，此属正常现象，特此说明。

《昭通市第二次全国农业污染源普查报告》编委会

2020 年 5 月 6 日

目　　录

第1篇　昭通市第二次农业污染源普查工作报告

第2篇　云南省昭通市第二次全国农业污染源普查数据分析报告

第1篇　昭通市第二次农业污染源普查工作报告

1   普查工作开展情况

污染源普查是重要的国情调查，农业污染源普查是全国污染源普查的重要内容之一，是农业资源环境的基础性工作。做好农业污染源普查，有利于全面掌握我国农业面源污染现状，准确判断我国当前农业环境形势；有利于推动打好农业面源污染防治攻坚战的实施，推进农业生产方式转变，不断改善环境质量；有利于加快推进生态文明建设和农业绿色发展，补齐全面建成小康社会的生态环境短板和实现乡村振兴战略目标。

1.1   成立市级普查机构

根据《国务院关于开展第二次全国污染源普查的通知》（国发〔2016〕9号）、《国务院办公厅关于印发第二次全国污染源普查方案的通知》（国办发〔2017〕82号）、《农业部办公厅关于做好第二次全国农业污染源普查有关工作的通知》（农办科〔2017〕42号）、《农业农村部关于印发全国农业污染源普查方案的通知》（农办科〔2018〕14号）、《云南省人民政府关于做好第二次全国污染源普查工作的通知》（云政发〔2017〕45号）、《云南省人民政府办公厅关于印发云南省第二次全国污染源普查实施方案的通知》（云政办发〔2017〕138号）、《云南省农业厅关于印发云南省第二次全国农业污染源普查实施方案的通知》（云农科〔2018〕17号）及《昭通市农业局关于成立第二次全国农业污染源普查工作领导小组的通知》（昭市农〔2018〕101号）的总体部署，昭通市农业农村厅成立了以李启章局长为组长，鲁朝富副局长为常务副组长，各副局长为副组长，各科室负责人和下属各站所主要领导为成员的昭通市第二次全国农业污染源普查工作领导小组，在科教科下设办公室，2018年5月30日，参照省级工作机构，结合我市实际下发了《昭通市农业局关于印发第二次全国农业污染源普查工作机构方案的通知》（昭市农〔2018〕102号），成立了昭通市第二次全国农业污染源普查工作机构，并下发各县区参照执行。

1.2   建立健全了普查协作联动工作机制

为使普查工作能信息畅通、及时高效准确地传达和掌握普查工作的要求、动态和问题，我市建立了市、县区联系人对接协作联动工作机制，具体做法如下：首先是明确各县区普查办选一个对各专题组工作有一定了解的同志居中组织、协调各专题组并负责与市普查办对接，然后各专题组选一个业务骨干作为联系人，与县区普查办和其所对应的市级专题组对接，这样就形成了"省、市、县"三级对接联动机制。

通过联动机制可以实现：一是快速响应，市级普查办联系人要做到每个星期与省和县区的联系不少于两次，及时了解掌握省和县区的动态情况，对新的要求、变化等信息要第一时间反馈到市普查办、对应的市、县区专题组负责人和联系人，这样就算有变化，调整和响应的时间会很短，不会影响工作进度。二是对县区反馈的疑问，可以及时加以解答，对不能解答的问题也能及时登记，与省里对应组室联系老师进行反馈。

1.3 科学制定普查实施方案

根据云南省的普查方案，结合昭通市实际情况，编制了昭通市级普查实施方案和各专题方案，于 2018 年 8 月中旬完成初步方案并下发各县区进行学习和意见反馈，期间不断与省和县区对接，了解掌握国家和省级的最新要求和方案问题的搜集，不断修改完善普查方案，并于 8 月下旬下发了昭通市农业污染源普查方案，明确了目标任务、技术路线、部门分工、时间节点等具体内容，并于 2018 年 9 月 3 日印发《关于指导县区制定农业污染源普查方案及开展相关工作的通知》（昭农污普〔2018〕3号），明确了联系机制，市、县级联系人的职责及县区方案的完成时间节点。

1.3.1 前期准备

2018 年 8 月，昭通市成立农业污染源普查工作领导小组，组建办公室，成立种植业组、畜禽养殖业组、水产养殖业组、秸秆组、种植业原位监测点、地膜组、移动源组、质量控制组八个专题组，把质控的责任和任务层层分解，落实到每个专题组。

1.3.2 核查阶段

为严格质量控制，确保普查质量，认真按照国家、省、市级污染源普查质量控制工作部署要求，按时、按质、按量完成种植业县级自查和市级抽查工作，收集汇总各县（区、市）自查记录和做好市级核查记录，发现问题及时反馈、及时整改，加强和规范档案管理，确保自查记录、整改资料、相关佐证材料等资料收集齐全并及时整理存档。

1.3.3 全面实施阶段

根据农业污染物产生和排放规律，建立全市 11 个县（区、市）主要农业生产活动基量与污染物产生、排放量对应关系，充分利用第一次全国污染源普查和第三次全国农业普查成果以及已有行政记录和检测统计基础，制修订农业源污染物产排污系数。全面开展普查工作，核算农业源污染物产生、排放量。开展普查结果的技术研讨和评估。

1.3.4 总结发布

根据核算结果及污染贡献的计算系数及计算模型，编写总结报告、产排污系数手册等，进行专家论证和总结验收，总结发布普查结果，开展成果分析、表彰等工作。

1.4 组织选聘普查员及普查指导员

根据《云南省第二次全国农业污染源普查工作领导小组办公室关于遴选报送各州市农业污染源普查普查员和普查指导员的通知》（云农污普函〔2018〕6 号）要求我市农业污染源普查办严格要求县区按照文件要求遴选和报送普查员和普查指导员和普查员、普查指导员从市植保植检站、市农技推广站、市渔业站、市农机推广站、市土肥站、市农业环境保护监测站等站所中遴选。2018 年 8 月底和 9 月中旬完成了环保及农业不同普查人员的遴选统计和上报工作，普查员 347 人、普查指导员 132 人，共计479 人（同时作为管理员、审核员、统计员和调查员）。

1.5 经费落实及使用情况

依据"第二次全国污染源普查工作经费，按照分级保障原则，由同级财政予以保障，由有关部门按要求列入部门预算"的要求，为保障我市普查工作顺利开展，2018年 8 月市农业局共安排经费 7.0879 万元用于昭通市第二次全国农业污染源普查的前期准备工作（主要用于"昭通市农业污染源普查技术培训班"，共支出 7.0699 万元），10 月 19 日市农业局财务收到省厅下拨的第一笔 15.27 万元的普查工作经费后，又收到 5 万元的种植业调查经费，两次下拨共计 20.27 万元用于保障昭通市第二次全国农业污染源普查、抽样调查和原位监测后续工作的顺利开展。截至 2018 年 12 月 31 日共计支出 12.3199 万元，支出部分为昭通市于 2018 年 11 月 15—19 日开展的"数据录入软件和质量核查技术规定要求培训会"和 2019 年 2 月 12—15 日开展的"昭通市第二次全国农业污染源普查数据审核培训会及开展县域交叉质控培训会"两次培训会的会务支出。2019 年获得省对下转移支付面源污染普查专项资金 10.35 万元，与 2018 年省农业厅下拨剩余的第二次全国污染源普查专项工作经费全部用于 2019 年开展农业面源污染抽样调查、原位检测和农业面源污染技术分析报告撰写出版等工作。

1.6 普查培训及宣传工作

县区工作人员作为具体普查工作的开展者和执行者，决定了县级的普查方案要比省、市的方案要更具体、更有操作性、更加细化,有时甚至要细化到人,对表册的指标、要求的理解要更到位,但这些都需要充裕的时间去学习、了解、掌握,去思考和准备。因此,为了最大限度给县区留出对普查要求和内容进行消化吸收、理解、对接、讨论、解惑、准备县级方案、筹备普查所需的人财物等的时间,市农业污染源普查办于 9 月初开始提前谋划,开展确定培训教师和培训场所、准备课件、制定目标责任书等培训会议的筹备工作,在完成参加省对市 9 月 17—27 日的培训工作后,于 9 月27 日下发了《昭通市农业农村局办公室关于举办昭通市农业污染源普查技术培训班的通知》要求全市 11 个县(市、区)分管领导、农业污染源普查办负责人、各专题组负责人、普查员和普查指导员共计 230 人,于 2018 年 9 月 28—29 日参加农业污染源普查各专题组培训并签订目标责任书。同时请昭通电视台、昭通日报和云南日报对昭通市农业污染源普查培训情况、保障普查顺利开展的措施办法及此次全国农业污染源普查工作的目的和意义进行了全方位的宣传和报道。

具体培训及宣传工作如下。

1.6.1　农业种植业

昭通市农业污染源普查办于 2018 年 9 月初开始提前谋划,确定培训教师、确定培训场所、准备课件、制定目标责任书等培训会议的筹备工作,派出第二次农业污染源普查种植业组相关负责人员共参加省级培训 4 次共计 5 人次;举办昭通市农业污染源普查种植业技术培训班 2 次,主要培训农业污染源普查技术、数据录入软件和质量核查、数据审核和县域交叉质控等内容,共培训专题组负责人、普查员和普查指导员共计 120 人次。根据工作需要,组织专家到县乡进行技术指导和进行部分技术培训,共计培训 600 余人次。在此过程中,市种植业组将省级下发的环保和农业的普查数据采集软件、培训课件和相关文件,及时转发给县区人员积极学习,提升普查效果。

1.6.2　畜禽养殖业

2018 年 9 月至 2019 年 2 月,昭通市污染源普查办共组织了 4 期共计 110 余人次的技术培训,培训内容分别为县级畜禽养殖业污染源普查技术培训、县区普查指导员和普查员技术培训、畜禽养殖业入户调查表格填报质控技术培训、畜禽养殖业入户调查数据质量审核培训。

1.6.3　水产组

2018 年 6 月 29 日,昭通市水产组成员参加云南省"农业污染源普查技术暨农业面源污染防治技术培训班"。2018 年 9 月 28—30 日,昭通市农业局举办"昭通市第二次全国农业污染源普查技术培训班",对省级培训的内容进行传达学习,并安排部署昭通市水产普查工作。2018 年 11 月 26—28 日,昭通市农业局举办"昭通市第二次农业污染源普查数据录入及质控技术培训班",对昭通市水产污染普查数据录入及质量控制工作作出安排部署。

1.6.4 地膜组

2018 年 6 月 29 日，昭通市地膜组成员参加云南省"农业污染源普查技术暨农业面源污染防治技术培训班"。2018 年 9 月 18—19 日，市地膜组成员及昭阳区地膜组成员参加云南省农业污染源普查办公室举办的"农业污染源普查地膜普查和原位监测技术培班"。2018 年 9 月 28—30 日，昭通市农业局举办"昭通市第二次全国农业污染源普查技术培训班"，对省级培训的内容进行传达学习，并安排部署昭通市地膜普查工作。2018 年 11 月 26—28 日，昭通市农业局举办"昭通市第二次农业污染源普查数据录入及质控技术培训班"，对昭通市地膜污染普查数据录入及质量控制工作作出安排部署。

1.6.5 秸秆组

市级秸秆组于 2018 年 6 月 28—29 日和 2018 年 9 月 19—20 日先后两次派人参加云南省第二次全国农业污染源普查技术培训。2018 年 9 月 29—30 日和 2018 年 11 月 16—17 日，昭通市第二次农业污染源普查领导小组办公室分别组织召开全市农业污染源普查培训会，市级秸秆普查组对全市 11 个县区秸秆普查工作人员进行技术培训。同时，还参加了市环保局组织的第二次全国污染源普查培训，并就质量控制技术也进行了培训。同时，昭通市秸秆组还将省下发的环保和农业的普查数据采集软件、培训课件和相关文件及时转发给县区秸秆组，要求县区认真学习，进一步提升普查效果。

1.7 数据采集阶段工作

1.7.1 指导各县区开展普查工作

为按时、保质完成普查工作，昭通市农业局充分发挥"三级联动"机制的作用，并充分利用便签通知方便、快捷、高效的优势作用及时解决县区遇到的问题、困难和要求。针对一些重要的要求和问题，印发了《关于做好农业污染源普查数据填报和审核工作的通知》（昭农污普〔2018〕4 号）、《关于做好农业污染源普查 10 张普查表上报和审核工作的通知》（昭农污普〔2018〕7 号），明确各县区、各阶段的工作任务，不同普查任务工作的区别是什么，明确告知县区如何做、怎样做，截至 2020 年 1 月完成方案、通知、要求、汇报、分析报告等文件资料 40 余万字。

1.7.2 数据采集软件的使用学习及指导

根据省级下发的环保和农业普查数据采集软件，昭通市农业污普办及时转发给县区，并积极研究和学习软件的使用方法，并将县区在使用过程中反馈的不能解决的问题及时请教省里老师，并将解决办法及软件补丁及时通过电话和 qq 告知各县区工作人员，尽量不影响基层普查员的工作进度。

1.8　数据审核上报阶段工作

为确保昭通市普查数据的真实、可靠、有效，昭通市农业污染源普查办公室（简称农污普办）根据县区在 2018 年 11 月至 2019 年 4 月普查、调查数据审核上报阶段出现的各类问题，分别举办了"昭通市第二次全国农业污染源普查数据录入及质量控制技术培训班"和"昭通市第二次全国农业污染源普查数据审核及开展县域交叉质控培训会"，并及时组织人员分批下到县区开展了三次督查检查和指导工作。

1.8.1　第一次数据质控

2018 年 11 月，根据审核县区初步上报的数据情况发现，全市普遍存在不按指标要求进行填报或者理解有误，填报的规范性和逻辑性都存在较大问题，为统一标准，及时更正错误，2018 年 11 月 15—19 日，请省厅畜牧专家和市各专题组技术骨干对我市各县区、各专题参会普查员和普查指导员 71 人开展了数据录入软件和质量核查技术规定要求的培训，并对 11 个县（市、区）的普查表和部分抽样调查表进行了 100% 的审核，同时将审核结果反馈给各县区进行整改。

1.8.2　督查检查

2018 年由于昭通市脱贫攻坚工作和非洲猪瘟防控工作与污染源普查工作相重叠，导致县区普查员和普查指导员同时承担几项工作任务，培训回去后没有承担普查工作；领导对此次污染源普查工作的重要性认识不够，所有工作混为一谈，分不清什么时候干什么工作、报什么表；部分县区请第三方开展数据的普查和调查工作，出现 90% 的数据不能使用的情况；部分县区部门甚至出现推诿扯皮的现象。因此第一次质控反馈问题没有得到解决。

昭通市农业污普办根据上述问题，采用请市级各专题业务骨干担任质控专家，反复多次对各县区普查和调查表册数据开展大比例的抽查审核，反馈意见，解答疑问，对县区出现的波动情绪及时下发了"为什么要开展多次质控工作"的专题评论，对相关人员进行了疏导，讲明了道理和必要性，排解了负面情绪，同时下发了《核查方案》，并及时组织了市级农业污染源普查督查检查组参加 2018 年 12 月 26—29 日在昭阳区和永善县开展的农业污染源普查质量控制现场核查工作、2019 年 1 月 14—19 日，市环保局组织的全市污染源普查数据核查工作、2019 年 1 月 25—26 日，省环保厅组织对昭阳区和鲁甸县开展的农业污染源普查质量控制现场核查工作进行三次督查检查工作，通过听取汇报、检查档案资料、实地抽查、调查等方式进行了系统、全面、细致的核查，发现几个方面的问题：一是种植和养殖业现场坐标与图片采集地经纬度不一致，最大出入有 5 分；二是图片只有地块没有普查员及农户合影；三是肥料、农药的施用时间、用量和用法出现逻辑错误；四是粪污产排放量换算出现逻辑错误；五是有些数据出现常识性的错误，如石硫合剂用在蔬菜上；六是仍然存在没有按填表说明进行规范填报的现象；七是档案内容不全；八是对数据审核不到位；九是对此次农业污染源普查的重要性和必要性认识依然不足。

根据核查出的上述情况，昭通市农业污染源普查领导小组于 2019 年 1 月 7 日下发了《关于切实做好昭通市第二次全国农业污染源普查质量核查工作的通知》（昭农污普〔2019〕1 号），要求各县（市、区）污染源普查工作领导小组再次组织开展好辖区内的农业污染源普查数据质量核查工作，查找原因，认真整改，确保昭通市第二次全国农业污染源普查、调查和原位监测数据的"真实性和有效性"，要求各县（市、区）污染源普查工作领导小组务必高度重视，切实落实，指定专人对接本次自查核查工作，于 2019 年 1 月 18 日前将本次核查结果以文件形式上报市农业污染源普查领导小组，对工作推进不力的，昭通市农业污染源普查领导小组将予以全市通报批评，并在年底予以综合考核扣分。

1.8.3　第二次质控工作

根据三次督查检查结果来看，情况不容乐观，特别是畜禽养殖业规模以上（简称规上）和规模以下（简称规下）入户调查的数据问题非常多，为确保抽样样本的代表性、科学性，普查指标填报的完整性、真实性、准确性，接受云南省农业污普办和农业部的质量核查，因此昭通市农业污普办针对种植业和畜禽业开展了第二次全面的、100% 的表册数据审核质控工作，于 2019 年 2 月 12—15 日抽调 11 个县（市、区）种植业和畜禽业各两名业务骨干 52 人到昭通市农业污普办集中开展县（市、区）种植业和畜禽业普查、抽样调查数据的交叉审核培训工作，同时协调商请了云南省农业农村厅畜牧专家对畜牧业普查、调查数据的填报进行了全面细致的培训，培训后采用各县区交叉审核，逐项梳理问题并登记反馈的方式，要求各县区回去后对照问题清单逐项进行整改，并明确告知国家于 2019 年 3 月将关闭录入系统，进入审核督查阶段，此次将是市级最后一次组织审核质控工作，如在今后有县（市、区）没有按照此次审核反馈的意见认真进行整改完善的，在省部级组织的审核督查中查出问题的，昭通市农业局将严厉问责。

1.8.4　第一轮问题整改

根据国家反馈的相关种植业和畜禽业问题清单要求，昭通市农污普办将问题清单下达各专题组及各县（市、区）农污普办，要求以坚持实事求是为原则，对国家提出的问题要逐一进行核实整改，并根据问题清单举一反三，对所有填报数据进行再次核实，确保数据客观真实，来源有依据，数据之间无冲突，发现问题立即整改，并将问题和整改情况及时上报。

1.8.5 第二轮问题整改

2019 年 8 月 12 日，国家反馈利用环保专网梳理的问题清单中涉及昭通市和云南省种植业和畜禽业的问题有 30 余条，昭通市农污普办将涉及的 8 个县问题清单立即下发，要求各县对照问题，逐条整改。

1.8.6 第三轮问题整改

2019 年 9 月 20 日，国家反馈问题清单中，昭通市种植业涉及永善县表 N201-1 不同坡度耕地和园地总面积（亩 *）不等于耕地面积（亩）＋园地面积（亩）之和，反馈畜禽业问题清单涉及污水利用率过高等问题，昭通市农污普办高度重视及时处理，于 9 月 21 日通知相关县区完成整改，并重新在环保专网进行核算并上报省农污普办。

1.8.7 填报数据与环保专网数据比对

2019 年 10 月 15—18 日，根据云南省农污普办要求进行环保专网数据比对，昭通市农污普办将 10 月 8 日专网导出数据发给了 11 个县（市、区）的相关单位要求在 18 日前完成数据比对工作，并上报比对情况说明。在 10 月 21 日完成了全市汇总上报工作。

1.9 建立、健全电子和纸质档案

现阶段市级农污普查办建立、健全了电子和纸质档案，分为上级部门文件档案和市级按文件、通知、方案、便签通知、培训、两员名单、市县联系人名单、经费预算请示、图片资料等进行分类保存建档。

---

* 1 亩≈667 平方米，15 亩＝1 公顷，全书同。

2 普查工作取得的成效

2.1 普查任务完成情况

种植业组：种植业通过普查，掌握了全市 11 个县区耕地总面积（包括旱地和水田）、保护地面积（主要是大棚等设施农业用地）、园地（包括果园、茶园、桑园和其他）面积。还掌握了不同坡度的面积，顺坡和横坡种植的面积。通过农户抽样调查，并对农户典型地块施用农药和化肥情况进行调查，掌握了农药和化肥的施用量和流失量，完成了普查表格 N201-1、N201-2 和 N201-3，3 张表共 33 份。

畜禽养殖业组：完成了规上 237 家养殖场的入户调查工作，其中生猪 73 户、肉牛 98 户、蛋鸡 35 户、肉鸡 31 户，按照国家普查要求，完成了相关的普查工作，并建立了相关的档案资料；结合规下 327 家养殖户（专业户、散养户）的抽样调查工作，依据 11 个县（市、区）已有规下养殖场（专业户、散养户）数据，统计完成了生猪、奶牛、肉牛、蛋鸡以及肉鸡养殖户的基础数据。

水产养殖业组：水产养殖业组组织全市 11 个县、市区填写"县（市、区、旗）水产养殖普查表"。

地膜组：昭通市地膜普查组完成了全市 11 个县（市、区）各类表格填报工作，填报表格为 N201-1 县（区、市、旗）种植业基本情况、N201-2 县（区、市、旗）种植业播种、覆膜与机械收获面积情况共计 22 份表格，涉及各类指标 2 002 个。

秸秆组：全市 11 个县（市、区）均开展秸秆普查工作，每县（市、区）均完成了普查表格 N201-1、N201-2 和 N201-3 3 张表格中的秸秆部分和企业"五料化"利用统计表的填报。

2.2 昭通市主要农业污染物排放情况

2.2.1 昭通市主要农业污染物排放总量

昭通市主要农业污染物包括氨氮、总氮、总磷、氨气、挥发性有机物、化学需氧量、氮氧化物、颗粒物、地膜累积残留。昭通市 11 个县（市、区）农业污染物总量 62 717.3104 吨。其中氨氮排放量 508.2121 吨，总氮排放量 6 017.8202 吨，总磷排放量 595.2252 吨，氨气排放量 26 324.0559 吨，挥发性有机物 800.2356 吨，化学需氧量排放量 25 393.5278 吨，地膜累积残留量 3 078.2336 吨。

2.2.2　主要污染物构成

从污染物的构成看，昭通市农业污染物排放量构成中氨气最多，占 42%；第二是化学需氧量，占 40%；第三是总氮，占 10%；第四是地膜累积残留量，占 5%。

2.2.3　污染物结构构成

从种植、畜禽、水产、移动源各专业产生的污染物结构看，畜禽养殖业排放污染物最多，占 72%；第二是种植业，占 22%；第三是地膜，占 5%，第四是水产，占 1%。

2.2.4　主要农业污染物排放数据空间分布

（1）排放总量数据空间分布。从昭通市 11 个县（市、区）污染物排放量（吨）及占比情况看，镇雄县的污染物排放量最多，为 16 848.4023 吨，占 27%；第二是昭阳区，排放量为 11 142.2962 吨，占 18%，第三是巧家县，排放量为 6 070.3783 吨，占 10%；最少的是水富县（市），排放量为 1 195.354 吨，占 2%。

（2）氨氮。昭通市农业污染氨氮排放总量为 508.2121 吨，主要来源于种植业、畜禽养殖业、水产养殖业。其中种植业占比最大，占 54%；第二是畜禽养殖，占 38%；第三是水产养殖业，占 8%。

（3）总氮。昭通市农业污染总氮排放总量为 6 017.8202 吨，主要来源于种植业、畜禽养殖业、水产养殖业。其中种植业最大，占 68%；第二是畜禽养殖业，占 29%；第三是水产养殖业，占 3%。从各县区分布情况看，镇雄县最多，占 24%；第二是昭阳区，占 17%；第三是巧家县，占 11%；第四是彝良县，占 10%。

（4）总磷。昭通市农业污染总磷排放总量为 595.2252 吨，主要来源于种植业、畜禽养殖业、水产养殖业。其中种植业占比最大，占 55%；第二是畜禽养殖，占 39%；第三是水产养殖业，占 6%。从各县区分布情况看，镇雄县最多，占 24%；第二是昭阳区，占 18%；第三是彝良县和巧家县，占 10%；第四是鲁甸县，占 8%。

（5）氨气。昭通市农业污染氨气排放总量为 26 324.0559 吨，主要来源于种植业、畜禽养殖业。其中畜禽养殖业占比最大，占 68%；其次是种植业，占 32%。从各县区分布情况看，镇雄县最多，占 26%；第二是昭阳区，占 17%；第三是巧家县，占 12%；第四是彝良县，占 10%。

（6）化学需氧量。昭通市农业污染化学需氧量排放总量为 25 393.5278 吨，主要来源于畜禽养殖业、水产养殖业。其中畜禽养殖业占 98%，水产养殖业占 2%。从各县区分布情况看，镇雄县最多，占 35%；第二是彝良县，占 12%；第三是威信县，占 11%；第四是鲁甸县，占 9%。

（7）挥发性有机物。昭通市农业污染挥发性有机物排放总量为 800.2356 吨，主要来源于种植业，占 100%。

从各县区分布情况看，镇雄县最多，占 22%；第二是昭阳区，占 15%；第三是永善县，占 11%；第四是盐津县，占 10%。

（8）地膜累积残留量。昭通市农业污染地膜累积残留量为 3 078.2336 吨，全部来源于种植业。从各县区分布情况看，昭阳区最多，占 25%；第二是镇雄县，占 23%；第三是鲁甸县和彝良县，占比均为 14%；第四是巧家县，占 9%。

2.3　各类污染源小结

2.3.1　种植业污染源小结

2017 年昭通市耕地与园地总面积为 6 202 646.85 亩，其中平地（坡度 ≤ 5°）面积 636 732.89 亩，占总面积 10%，缓坡地（坡度 5 ~ 15°）面积 1 828 333.13 亩，占总面积 30%，陡坡地（坡度 > 15°）面积 3 737 580.83 亩，占总面积 60%；耕地面积 5 495 813 亩，其中旱地 5 083 996 亩，占耕地面积 93%，水田 411 817 亩，占耕地面积 7%；菜地面积 1 346 559 亩，其中，露地 1 331 054 亩，占菜地面积 99%，保护地 15 505 亩，占菜地面积 1%；园地面积 706 833.85 亩，其中果园 504 923.05 亩，占园地面积 71%，茶园 97 852.5 亩，占园地面积 14%，桑园 32 600 亩，占园地面积 5%，其他 71 458.3 亩，占园地面积 10%；全市农作物播种面积 11 562 162.55 亩，其中粮食播种面积 7 972 240 亩，占播种面积 69%，经济作物播种面积 1 707 165.5 亩，占播种面积 14.8%，蔬菜 1 346 559 亩，占播种面积 11.6%，瓜果播种面积 13 817 亩，占播种面积 0.1%，果园 524 001.05 亩，占播种面积 4.5%；全市主要粮食作物总产量 4 245 923.46 吨，其中水稻 192 468.65 吨，小麦 61 198.4 吨，玉米 1 195 940.03 吨，马铃薯 2 796 316.38 吨。

（1）化肥和农药施用普查结果及分析。2017 年昭通市化肥施用量 463 743.15 吨，其中氮肥施用折纯量 89 564.4 吨，含氮复合肥施用折纯量 21 391.5 吨，农药使用量 1 428.08 吨。全市以播种面积计算，亩均化肥施用量 40.1 千克/亩，亩均氮肥施用折纯量 7.75 千克/亩，亩均含氮复合肥施用折纯量 1.85 千克/亩，亩均农药使用量 0.12 千克/亩，小于 0.3 千克/亩的全国平均水平。

（2）昭通市种植业涉水、涉气污染物分析。总氮的产生量包括氮肥施用折纯量 89 564.4 吨和含氮复合肥施用折纯量 21 391.5 吨，共计 110 955.9 吨，占化肥施用量 463 743.15 吨的 24%。昭通市污染物氨氮排放量为 273.6948 吨，氨氮排放量从高到低的县（区、市）是镇雄>昭阳>巧家>彝良>鲁甸>永善>盐津>威信>大关>绥江>水富。昭通市种植业污染物总氮排放量为 4 108.0889 吨，总氮排放量从高到低的县（区、市）是镇雄>昭阳>巧家>彝良>鲁甸>永善>盐津>威信>大关>绥江>水富。总磷排放量为 328.8115 吨，总磷排放量从高到低的县（区、市）是镇雄>昭阳>巧家>彝良>鲁甸>永善>盐津>威信>大关>绥江>水富。昭通市种植业氨气排放量为 8 327.6446 吨，氨气排放量从高到低的县（区、市）是镇雄>昭阳>巧家>盐津>彝良>永善>威信>大关>鲁甸>绥江>水富。种植业挥发性有机物排放量为 800.2356 吨，挥发性有机物排放量从高到低的县（区、市）是镇雄>昭阳>永善>盐津>威信>彝良>巧家>鲁甸>大关>绥江>水富。

综上，在种植业污染物排放指标中，氨氮、总氮、总磷、氨气的排放量，镇雄、昭阳、巧家均居于前三位，挥发性有机物镇雄、昭阳还是居于前两位，永善居于第三位，水富和绥江排放量最少。

2.3.2 畜禽养殖业污染源小结

（1）昭通市的畜禽养殖业排前三位的是镇雄、鲁甸、威信，占全市 45.60% 的养殖户数。

（2）昭通市畜禽养殖业粪便产生量为 198.194001 万吨/年、尿液产生量 265.997353 万吨、粪便利用量 155.111136 万吨、尿液利用量 216.207617 万吨，粪便、尿液的排放量分别为 43.08287 万吨、49.78974 万吨。

（3）昭通市畜禽养殖过程中，化学需氧量产生量 608 633.3604 吨，化学需氧量排放量 25 010.8627 吨；氨氮产生量 3 181.7393 吨，氨氮排放量 192.8033 吨；总氮产生量 33 717.6911 吨，总氮排放量 1 736.0133 吨；总磷产生量 4 778.0907 吨，总磷排放量 232.4653 吨；氨气排放总量 17 996.4113 吨。

2.3.3 水产养殖业污染源小结

昭通市水产养殖污染源普查由昭通市农业污染源普查领导小组办公室统一领导，各县（市、区）农业污染源普查办具体实施，按照国家、省、市的相关要求及时间节点开展普查。普查数据来源于 2017 年统计数据，按时完成了普查任务。昭通市水产养殖业污染物化学需氧量产生量 556.1592 吨、氨氮产生量为 52.1821 吨、总氮产生量为 220.59 吨、总磷产生量为 39.8007 吨，产生量最大的为化学需氧量，其次为总氮。水产养殖业污染物化学需氧量排放量为 382.6651 吨；氨氮排放量为 41.714 吨，总氮排放量为 173.718 吨，总磷排放量为 33.9484 吨。

2.3.4 地膜组污染源小结

昭通市地膜污染源普查由昭通市农业污染源普查领导小组办公室统一领导，各县（市、区）农业污染源普查办具体实施，按照国家、省、市的相关要求及时间节点开展普查。普查数据来源于 2017 年统计局数据，针对统计数据与农业部门调查数据不相符的情况，通过与日常工作中的实际经验相结合，进行了修正，按时完成了普查任务。

通过本次普查可以发现昭通市地膜使用涉及地区广，覆膜作物种类多。从地域分布看，镇雄县、昭阳区、鲁甸县、彝良县等地势较高，相对冷凉的区域地膜用量较大，水富市、绥江县、威信县等地势较低的江边河谷地带地膜用量较小。从作物分布看，玉米是最主要的覆膜作物，覆膜面积占全市作物覆膜面积的 54.8%，第二是烤烟占 18.65%，第三是马铃薯占 15.43%。

2.3.5 秸秆组污染源小结

昭通市秸秆理论资源量 188.3236 万吨，分县（区、市）是：昭阳区 24.3496 万吨，鲁甸县 12.7586 万吨，巧家县 12.7586 万吨，盐津县 16.9238 万吨，大关县 7.7403 万吨，永善县 24.4477 万吨，绥江县 3.7094 万吨，镇雄县 41.1129 万吨，彝良县 18.4008 万吨，威信县 18.7558 万吨，水富市 2.7473 万吨。分作物是：早稻 0.0719 万吨，中稻和一季晚稻 16.1086 万吨，小麦 6.9766 万吨，玉米 119.594 万吨，薯类 24.6333 万吨（其中马铃薯 16.778 万吨），花生 1.7792 万吨，油菜 15.4896 万吨，大豆 3.0872 万吨，甘蔗 0.5832 万吨。

昭通市秸秆可收集资源量 170.5302 万吨，分县（区、市）是：昭阳区 22.152 万吨，鲁甸县 11.6566 万吨，巧家县 16.0692 万吨，盐津县 15.2701 万吨，大关县 6.9557 万吨，永善县 21.4331 万吨，绥江县 3.3015 万吨，镇雄县 37.6161 万吨，彝良县 16.7359 万吨，威信县 16.9516 万吨，水富市 2.3884 万吨。分作物是：早稻 0.0499 万吨，中稻和一季晚稻 12.7427 万吨，小麦 6.0944 万吨，玉米 109.0667 万吨，薯类 24.1404 万吨（其中马铃薯 16.4424 万吨），花生 1.7435 万吨，油菜 13.2345 万吨，大豆 2.8747 万吨，甘蔗 0.5832 万吨。

昭通市秸秆资源利用量 139.8114 万吨，秸秆利用率达 81.97%。其中：昭阳区 18.6889 万吨，利用率 84.37%；鲁甸县 10.0961 万吨，利用率 86.61%；巧家县 8.039 万吨，利用率 50.03%；盐津县 12.1782 万吨，利用率 79.75%；大关县 6.0357 万吨，利用率 86.77%；永善县 15.4441 万吨，利用率 72.06%；绥江县 2.9613 万吨，利用率 89.69%；镇雄县 36.5825 万吨，利用率 97.25%；彝良县 13.6438 万吨，利用率 81.52%；威信县 14.6214 万吨，利用率 86.25%；水富市 1.5204 万吨，利用率 63.66%。

3 普查工作存在的问题

3.1 普查经费未能到位

虽然上级文件、方案规定经费由各级财政承担，而昭通市各县区财政困难，加之文件出台迟缓，普查项目经费未能纳入当年的预算，造成资金短缺，拨付困难，不能到位，制约了普查工作的开展。

3.2 部分县区存在工作任务混淆，理解不到位的情况

由于此次农业污染源普查工作启动较晚，方案反复修改，最终方案下发及培训工作严重滞后，时间紧，任务重，农业污染源普查工作量大、面广，加之专业性、技术性很强，许多县区工作人员无普查经验和基础，而留给县区工作人员学习、了解、掌握和筹备的时间过短，工作人员基本是边学边干，边干边解决问题，严重影响了工作进度。

3.3 普查软件开发、手持终端等仪器设备不完善

普查软件设计不成熟、不稳定、不断升级，普查表格设计不完善、常修改、上传复杂，同时许多县区工作人员年龄偏大，手机 App 版本要求较高，因此学习掌握使用有一定困难。手持终端等仪器设备配发晚，存在边干边等的现象，设备使用不方便、不易掌握，也是严重影响工作进度的因素。

3.4 普查对象生产不稳定，信息不全

多家部门提供的数据差异极大。一是调查对象，生产时断时续；二是调查对象内部管理的不规范，采用"两本账"或不建账，造成填报数据准确度不高；三是停产、名存实亡的对象特别多，给普查工作带来了难度，目前通过核查工作还有不符合普查条件的企业被清查出来。

3.5 受当前脱贫攻坚工作及突发工作影响，普查工作人员难以到位

当前昭通市的第一要务是脱贫攻坚工作，每个工作人员都承担着繁重的脱贫工作任务，同时还要兼顾其他工作任务，加之昭通市 2018 年 10 月 20 日相继发生非洲猪瘟的严重疫情，防控形势异常严峻，全市抽出了大量的普查员承担非洲猪瘟防控相关工作，导致直接参加普查的人员严重不足，部分普查工作人员难以到位，进展缓慢。

3.6 购买第三方服务存在一定问题

昭通市部分县的普查工作是由政府购买第三方服务的方式开展，在实际工作中表现出了第三方人员对农业污染源普查要求理解和落实不到位、技术指导和联系不到位、不按县级指导员要求进行数据采集等问题，导致普查工作需要由农业技术人员重新进行普查和调查。

3.7 部门沟通协作不够

部分县区出现各自为政、自行其是、协作不到位和工作推诿现象。

3.8 一定程度上还存在领导重视不够

部分县区对此次农业污染源普查工作的重要性还存在认识不够、重视不足的问题。

3.9 上级部门工作安排及推进严重滞后

按国家要求，此次污染源普查，2017 年是筹备阶段，2018 年是开始实施阶段，2019 年是成果总结阶段，而农业污染源普查工作真正启动是在 2018 年 6 月，省级第一次下发讨论稿方案是在 7 月，最终方案于 9 月底省级对市级开展普查技术培训时才确定下来，农业和环保的数据采集系统录入的使用操作没有进行全面和系统的培训，环保普查手持终端设备下发时间较晚，于 10 月中下旬才到位，农业普查手持终端到 12 月底才下发，目前为止除畜禽普查工作外的普查员证、普查指导员证一直未能到位。

4 普查工作中的经验

4.1 签订目标责任书，层层压实责任。

4.2 建立省、市、县三级联系对接机制，形成纵向、横向对接，及时、方便、快捷解决各类问题。

4.3 建立工作痕迹及数据更改证明制度，既推动工作，又保护工作人员。

第2篇　云南省昭通市第二次全国农业污染源普查数据分析报告

1　概述

根据《国务院办公厅关于印发第二次全国污染源普查方案的通知》（国办发〔2017〕82 号）、《云南省第二次全国农业污染源普查实施方案》（云农污普函〔2018〕8 号）等文件精神为指导，2018 年 9 月以来昭通市开展了第二次农业污染源普查工作。通过普查，全面掌握了昭通市农业生产过程中的主要污染物来源、流失量、产生量、排放量及其去向，为农业环境污染防治提供技术支持和决策依据。

1.1　普查对象和内容

1.1.1　普查时点

普查标准时点：2017 年 12 月 31 日。

时期资料：2017 年年度资料。

1.1.2　普查对象与范围

本次农业污染源的普查对象为全市境内有污染源的单位和个体经营户，覆盖范围包括昭通市辖区内的 11 个县（市、区），共分为种植业、畜禽养殖业、水产养殖业、地膜、秸秆五个类别进行。

1.1.2.1　种植业

种植业的普查对象为粮食作物（包括谷类、薯类、豆类）、经济作物（包括水果、花卉、油料、糖料以及茶、烟草、麻、香蕉、中药材等）和蔬菜作物（包括叶菜类、瓜果类、茄果类、根菜类、豆类、花菜类等），各县耕地和园地面积之和超过 1 万亩的均需填报。

1.1.2.2　畜禽养殖业

畜禽养殖业的普查对象是全市 11 个县（市、区）所有规模化养殖场、养殖户（专业户和散养户）。畜禽养殖业污染源主要包括规模养殖条件下，猪、奶牛、肉牛、蛋鸡和肉鸡养殖过程中畜禽粪便产生量和利用量及水污染物排放量。

（1）普查对象。畜禽粪尿及特性参数产生量的普查对象为规模化养殖场、养殖户（专业户和散养户）；畜禽养殖主要水污染物排放量：规模化养殖场。

（2）普查畜禽种类。生猪、奶牛、肉牛、蛋鸡、肉鸡。

（3）普查畜禽饲养阶段。猪分为 3 个阶段：能繁母猪、保育猪、育成育肥猪；奶牛分为 3 个阶段：成乳牛、育成牛、犊牛；肉牛分为 3 个阶段：母牛、育成育肥牛、犊牛；蛋鸡分为 2 个阶段：育雏育成鸡、产蛋鸡；肉鸡分为 1 个阶段：肉鸡。

1.1.2.3　水产养殖业

水产养殖业污染源的普查对象与范围主要包括全省各县池塘养殖、网箱养殖、围栏养殖、工厂化养殖、稻田养殖条件下鱼、虾、贝、蟹等主要养殖品种在养殖过程中污染物的产生和排放量。

1.1.2.4　地膜

①全面普查。昭通市 11 个县（市、区）2018 年地膜使用量和回收量，各种作物覆膜面积调查。②原位监测。昭阳区原位监测 15 个采样点，每个点进行 5 个样方地膜累计残留量及当季残留量调查（委托昆明理工大学开展）。③抽样调查。昭阳区种植户地膜使用回收情况抽样调查 120 户（实际完成 132 户），其中包括农民专业合作社、公司、大户（委托云南农业大学开展）。

1.1.2.5　秸秆

普查对象为昭通市 11 个县（区、市）秸秆利用的养殖大户和个体经营大户。

1.1.3　普查内容

此次农业污染源普查内容与昭通市第二次全国污染源普查实施方案中关于农业污染源的普查内容基本一致。包括：种植业、畜禽养殖业、水产养殖业生产活动情况，秸秆产生、处置和资源化利用情况，化肥、农药和地膜使用情况，纳入登记调查的畜禽养殖企业和养殖户的基本情况、污染治理情况和粪污资源化利用情况。同时也包含废水污染物与废气污染物。废水污染物普查内容为氨氮、总氮、总磷，畜禽养殖业和水产养殖业增加化学需氧量的产生和排放量。废气污染物普查内容为畜禽养殖业氨、种植业氨和挥发性有机物的产生和排放量。各专业组根据自身实际细化了相关普查内容。

1.1.3.1　种植业污染源普查内容

本次农业污染源普查中种植业调查以全市 11 个县（区、市）为基本单位，普查内容包括农村人口情况、农业生产资料投入情况、规模种植主体情况、耕地与园地总面积、作物播种面积与产量等。

组织县级填报种植业污染源普查表内容包括：

（1）N201-1 县（区、市、旗）种植业基本情况。

（2）N201-2 县（区、市、旗）种植业播种、覆膜与机械收获面积情况。

（3）N201-3 县（区、市、旗）农作物秸秆利用情况。

共有表格 33 份，涉及各类指标共 3 003 个（注：涉及地膜和秸秆利用的数据由地膜组和秸秆组提供）。

1.1.3.2　畜禽养殖业污染源普查内容

（1）规模养殖场基本情况。包括养殖场名称、畜禽种类、存/出栏数量、养殖设施类型、饲养周期、饲料投入情况等。养殖规模与粪污处理情况：养殖量、废水处理方式、利用去向及利用量，粪便处理方式、利用去向及利用量，配套利用农田面积等。

（2）规模以下养殖户。县（区、市、旗）不同畜禽种类养殖户数量、存/出栏数量，不同清粪方式、不同粪便与污水处理方式下的养殖量占该类畜禽养殖总量的比例、配套利用农田面积等。

1.1.3.3　水产养殖业污染源普查内容

水产养殖业污染源普查内容为普查范围内鱼、虾、贝、蟹等主要养殖品种在池塘养殖、网箱养殖、围栏养殖、工厂化养殖、稻田养殖等养殖模式下的养殖产量、养殖面积、投苗量，以及在养殖过程中四种主要水污染物〔总氮、总磷、氨氮和化学需氧量（COD）〕的产生量和排放量。

1.1.3.4　地膜普查内容

地膜普查：昭通市 11 个县（市、区）2018 年地膜使用量和回收量，地膜生产企业个数及产量，地膜回收企业个数及回收利用量调查。粮食作物、经济作物、蔬菜、瓜果、果园等各种作物覆膜面积调查。

抽样调查：昭阳区种植户地膜使用回收情况抽样调查任务 120 户（实际完成 132 户），其中永丰镇青坪村 4 户、永丰镇新民村 5 户；盘河镇大花村 11 户、盘河镇油榨房村 11 户、盘河镇放马坝村 1 户、盘河镇冷家坪村 1 户；洒渔镇新海村 8 户、洒渔镇新立村 10 户；苏家院镇双河村 12 户、苏家院镇坪子村 6 户、苏家院镇顺山村 6 户；布嘎回族乡花鹿坪村 4 户、布嘎回族乡布嘎村 5 户；青岗岭回族彝族乡白沙村 14 户、青岗岭回族彝族乡新桥村 15 户、青岗岭回族彝族乡青岗岭村 19 户。包括农民专业合作社 1 户、种植大户 5 户（委托云南农业大学开展）。昭阳区填写农业农村部制定的附表 1《县域地膜应用及污染调查表》1 份，昭阳区 20 个乡（镇、街道）填写附表 2《乡镇地膜应用及污染调查表》共 20 份。

原位监测：昭阳区原位监测 15 个采样点，每个采样点开挖 5 个长×宽×深为 1m×1m×30cm 的样方，捡出所有残留地膜，统计地膜累计残留量及当季残留量（委托昆明理工大学开展）。第一次采样在 2018 年 11 月进行，由于取样时作物已经收获，所以揭去当季覆盖的地膜，挖取土壤中的残留地膜记录累计残留量，第二次取样在 2019 年 5 月作物播种前进行，记录地膜累计残留量及当季残留量，两次样品采集点为固定地块。

1.1.3.5 秸秆普查内容

对昭通市 11 个县区秸秆产生量和利用量情况开展调查，调查内容包括耕地面积、播种面积、作物总产量、机械收获面积、人工收获面积、直接还田面积及秸秆利用量等基础数据，同时收集相关文献报告资料，结合统计年鉴数据，辅以实地调研，摸清全市范围秸秆产生量和利用量以及秸秆"五料化"（肥料化、能源化、饲料化、基料化、原料化）利用比例等基础信息。

1.1.4 普查的组织实施

昭通市农业污染源普查，在云南省全国第二次农业污染源普查工作领导小组的统一组织和领导下进行。2018 年 6—12 月，全市 11 个县（市、区）成立了农业污染源普查领导小组和办公室（以下简称"农污普办"），2018 年 8 月底和 9 月中旬完成了环保及农业不同普查人员的遴选统计和上报工作，普查员 347 人、普查指导员 132 人，共计 479 人（同时作为管理员、审核员、统计员和调查员），普查员和普查指导员经过层层培训达到了普查工作要求。机构的成立和人员的落实为下一步开展农业污染源普查工作打下了坚实的基础。

1.1.4.1 基本原则

全国统一领导，部门分工协作，各地分级负责，各方共同参与。充分利用昭通市现有统计、国土和农业行业各专项调查成果，借助购买第三方服务和信息化手段，提高普查效率。

1.1.4.2 普查组织

（1）成立领导小组。2018 年 5 月 18 日根据国家和省的相关文件要求，昭通市农业局下发了《昭通市农业局关于成立第二次全国农业污染源普查工作领导小组的通知》（昭市农〔2018〕101 号），成立了以李启章局长为组长，鲁朝富副局长为常务副组长，各副局长为副组长，各科室负责人和下属各站所主要领导为成员的昭通市第二次全国农业污染源普查工作领导小组，在科教科下设办公室，2018 年 5 月 30 日参照省级工作机构结合昭通市实际下发了《昭通市农业局关于印发第二次全国农业污染源普查工作机构方案的通知》（昭市农〔2018〕102 号），成立了昭通市第二次全国农业污染源普查工作机构，并下发各县区参照执行。

（2）人员构成。根据《云南省第二次全国农业污染源普查工作领导小组办公室关于遴选报送各州市农业污染源普查员和普查指导员的通知》（云农污普函〔2018〕6 号），要求昭通市农业污染源普查办严格要求县区按照文件要求遴选和报送普查员和普查指导员。2018 年 8 月底和 9 月中旬完成了环保及农业不同普查人员的遴选统计和上报工作，普查员 347 人、普查指导员 132 人，共计 479 人（同时作为管理员、审核员、统计员和调查员）。

各专业组工作组织如下。

种植业组：2018 年 6 月至 9 月中旬，全市 11 个县（区、市）分别成立了相应的种植业组 11 个，完成了普查人员的遴选统计和上报工作，普查员 33 人、普查指导员 22 人，共计 55 人（同时作为管理员、审核员、统计员和调查员）。

畜禽组：为保障全市畜禽养殖业污染源普查工作顺利实施，在昭通市农业污染源普查工作领导小组的领导下，成立了昭通市畜禽养殖业污染普查工作实施小组，负责普查工作的日常沟通协调、组织实施工作。普查专项工作小组工作人员从昭通市畜牧兽医技术推广站抽调，按照职责分工，做好普查相关工作。各县（市、区）、乡（镇）也加强了对畜禽养殖业污染源普查工作的领导，并从相关部门抽调专业人员成立县（市、区）畜禽养殖业污染源普查领导小组、办公室及专项工作机构，按照《第二次全国污染源普查云南省昭通市畜禽养殖业污染源普查实施方案》的统一规定和要求，积极协调做好本行政区域内畜禽养殖业污染源普查工作。同时对普查工作中遇到的各种困难和问题，都及时采取措施，予以解决。

水产组：昭通市农业污染源普查（水产组）在昭通市全国第二次农业污染源普查工作领导小组的统一组织和领导下进行。2018 年 10—12 月，全市 11 个县（市、区）成立了水产污染源普查领导小组和办公室，普查员和普查指导员经过层层培训达到了普查工作要求。普查机构的成立和人员的落实，为下一步开展农业污染源普查工作打下了坚实的基础。

地膜组：根据普查工作需要，及时出台《昭通市农业局第二次全国农业污染源普查工作机构方案的通知》（昭市农〔2018〕102 号），并按文件精神成立了地膜组以便开展工作，地膜组设组长 1 名，副组长 1 名，工作成员 3 名。各县（市、区）农业部门成立相应的地膜污染源普查工作组，按照普查实施方案的统一规定和要求，组织填报地膜污染源所需数据。11 个县（市、区）共设组长 11 人，副组长 11 人，成员 31 人。同时建立昭通市地膜污染普查工作 QQ 群、微信工作群，及时将国家、省级、市级的政策依据、技术要求进行发布，对存在的问题、困难随时讲解及解决。

秸秆组：为保障秸秆生产和利用普查工作顺利实施，成立昭通市第二次全国农业污染源普查秸秆组工作领导小组，负责领导和协调全市农业污染源秸秆组的普查工作。领导小组在市农业局能源科下设办公室，负责普查日常沟通协调、组织实施工作。工作人员从昭通市土壤肥料工作站、昭通市农业科学研究院等单位抽调，按照职责分工，做好普查有关工作。县（市、区）农业部门对应成立农业污染源普查领导小组和办公室。

1.1.4.3 普查实施

全市各级农污普办按照《昭通市第二次全国农业污染源普查实施方案》和昭通市全国第二次农业污染源普查工作领导小组办公室制定印发的《关于印发昭通市第二次全国农业污染源普查各专实施方案的通知》的要求，制定并下发了市级的实施方案及各专业组的实施方案，县级按照市级实施方案制定了县级实施方案。方案的制定落实了各级任务，明确了各级责任。按照省、市级要求和普查的时间节点，各县（市、区）农污普办在环保部门的配合下，组织普查员和普查指导员遵照"应查尽查、不重不漏不错"的原则，按时完成了报表填报工作，相关表格加盖公章后报同级环保部门，相关数据录入了环保专网。分阶段组织实施了前期准备、全面实施、质量核查等工作。

（1）前期准备。2018 年 8 月，昭通市成立农业污染源普查工作领导小组，组建办公室，成立种植业组、畜禽养殖业组、水产养殖业组、秸秆组、种植业原位监测点、地膜组、移动源组、质量控制组八个专题组，把质控的责任和任务层层分解，落实到每个专题组。

（2）核查阶段。为严格质量控制，确保普查质量，认真按照国家、省、市级农业污染源普查质量控制工作部署要求，按时、按质、按量完成各专题组的县级自查和市级抽查工作，收集汇总各县（区、市）自查记录和做好市级核查记录，发现问题及时反馈、及时整改，加强和规范档案管理，确保自查记录、整改资料、相关佐证材料等资料收集齐全并及时整理存档。

（3）全面实施阶段。根据农业污染物产生和排放规律，建立全市 11 个县（区、市）主要农业生产活动基量与污染物产生、排放量对应关系，充分利用第一次全国污染源普查和第三次全国农业普查成果以及已有行政记录和检测统计基础，制修订农业源污染物产、排污系数。全面开展普查工作，核算农业源污染物产生、排放量。开展普查结果的技术研讨和评估。

（4）总结发布。根据核算结果及污染贡献的计算系数及计算模型，编写总结报告、产排污系数手册等，进行专家论证和总结验收，总结发布普查结果，开展成果分析、表彰等工作。

1.1.4.4 普查培训及宣传工作

（1）种植业组。市农业污染源普查办公室于 2018 年 9 月初开始提前谋划，确定培训教师、确定培训场所、准备课件、制定目标责任书等培训会议的筹备工作，派出市种植业组相关负责人员共参加省级培训 4 次共 5 人次；举办昭通市农业污染源普查种植业技术培训班 2 次，主要培训农业污染源普查技术、数据录入软件和质量核查、数据审核和县域交叉质控等内容，共培训专题组负责人、普查员和普查指导员共计120 人次。根据工作需要，市级组织专家到县乡进行技术指导和部分技术培训，共计培训 600 余人次。在此过程中将省级下发的环保和农业的普查数据采集软件、培训课件和相关文件及时转发给县区积极学习，提升普查效果。

（2）畜禽养殖业组。自 2018 年 9 月至 2019 年 2 月，昭通市畜禽专题组共组织了4 期共计 110 余人的技术培训，培训内容分别为县级畜禽养殖业污染源普查技术培训、县区普查指导员和普查员技术培训、畜禽养殖业入户调查表格填报质控技术培训、畜禽养殖业入户调查数据质量审核培训。

（3）水产养殖业组。2018 年 6 月 29 日，昭通市水产养殖业组成员参加云南省"农业污染源普查技术暨农业面源污染防治技术培训班"。2018 年 9 月 28—30 日，昭通市农业局举办"昭通市第二次全国农业污染源普查技术培训班"，对省级培训的内容进行传达学习，并安排部署昭通市水产普查工作。2018 年 11 月 26—28 日昭通市农业局举办"昭通市第二次农业污染源普查数据录入及质控技术培训班"，对昭通市水产污染普查数据录入及质量控制工作作出安排部署。

（4）地膜组。2018 年 6 月 29 日，昭通市地膜组成员参加云南省"农业污染源普查技术暨农业面源污染防治技术培训班"。2018 年 9 月 18—19 日，市地膜组成员及昭阳区地膜组成员参加"云南省农业污染源普查办公室举办的农业污染源普查地膜普查和原位监测技术培训班"。2018 年 9 月 28—30 日，昭通市农业局举办"昭通市第二次全国农业污染源普查技术培训班"，对省级培训的内容进行传达学习，并安排部署昭通市地膜普查工作。2018 年 11 月 26—28 日，昭通市农业局举办"昭通市第二次农业污染源普查数据录入及质控技术培训班"，对昭通市地膜污染普查数据录入及质量控制工作作出安排部署。

（5）秸秆组。市级秸秆组于 2018 年 6 月 28—29 日和 2018 年 9 月 19—20 日先后两次派人参加云南省第二次全国农业污染源普查技术培训。2018 年 9 月 29—30 日和 2018 年 11 月 16—17 日，昭通市第二次农业污染源普查领导小组办公室分别组织召开全市农业污染源普查培训会，市级秸秆普查组对全市 11 个县区秸秆普查工作人员进行技术培训。同时，还参加了昭通市环保局组织的第二次全国污染源普查培训，并就质量控制也进行了培训。同时，昭通市秸秆组还将省级下发的环保和农业的普查数据采集软件、培训课件和相关文件及时转发给县区秸秆组，要求县区工作人员认真学习，进一步提升普查效果。

在开展技术培训的同时，邀请昭通电视台、昭通日报和云南日报等各类报刊、广播、电视、网络等媒体大力宣传我市农业污染源普查培训情况、保障普查顺利开展的措施办法，并对此次全国农业污染源普查工作的目的和意义进行了全方位的宣传和报道。

1.2 普查的技术路线和方法

1.2.1 普查的技术路线

此次农业污染源普查根据云南省第二次全国污染源普查的相关要求，根据国务院第二次全国污染源普查领导小组发布的各类污染源普查报表制度、技术规范、污染物核算方法，开展普查工作。针对农业污染源，以已有统计数据为基础，确定抽样调查对象，开展抽样调查，获取普查年度农业生产活动基础数据，根据产排污系数核算污染物产生量和排放量。各专业组根据其自身实际，结合现状开展了相关技术研究，有针对性地依据专业方向探索了相关技术路线。

（1）种植业组。种植业主要从全市 11 个县（区、市）统计年鉴基础数据（资料）普查入手，广泛收集相关文献报告资料，结合国土、农业行业等数据和当地生产实际，实地调研，摸清全市范围内种植业基本情况、化肥、农药使用量等。全市 11 个县（区、市）均填写国家普查办附表《县（区、市、旗）种植业基本情况》《县（区、市、旗）种植业播种、覆膜与机械收获面积情况》和《县（区、市、旗）农作物秸秆利用情况》共 33 份。主要实施技术路线如图 1-1。

（2）畜禽养殖业组。以第三次农业普查数据和统计年鉴为基础，获取昭通市不同地区、不同规模、不同畜禽的养殖量；规模养殖通过入户调查获取畜禽粪污不同处理利用工艺的比例及废弃物出场去向，获取畜禽粪尿及特性参数和主要水污染物排放系数；进一步测算昭通市畜禽粪污及特征物质的产生量和主要水污染物排放量。主要实施技术路线如图 1-2 所示。

（3）水产养殖业组。此次农业污染源普查根据云南省第二次全国污染源普查的相关要求，根据国务院第二次全国污染源普查领导小组发布的各类污染源普查报表制度、技术规范、污染物核算方法，开展普查工作。全面普查，全市 11 个县（市、区）从基础数据（资料）普查入手，广泛收集相关文献报告资料，结合统计年鉴数据、农业部门掌握数据等，辅以实地调研，完成县区普查表《2_N203 县（区、市、旗）水产养殖基本情况》的填报。

（4）地膜组。全面普查，全市 11 个县（市、区）从基础数据（资料）普查入手，广泛收集相关文献报告资料，结合统计年鉴数据、农业部门掌握数据等，辅以实地调研，摸清全市范围内地膜使用量及残留量的基本情况，及各作物覆膜面积。完成《县（区、市、旗）种植业基本情况》（N201-1 表）及《县（区、市、旗）种植业播种、覆膜与机械收获面积情况》（N201-2 表）的填报。

抽样调查，昭阳区农业局、农技中心配合第三方调查机构（云南农业大学），对昭阳区地膜应用及污染情况开展调查，对主要覆膜区域内农户及地膜相关企业的基本情况开展抽样问卷调查，了解区域内地膜生产、应用、残留及回收处理的基本情况，明确农业生产过程中影响地膜残留污染的关键因素与环节。昭阳区每个乡镇（街道）根据各乡镇农业部门掌握情况，结合统计部门数据，辅以实地调查走访填报《乡镇地膜应用及污染调查表》各 1 份，共 20 份。昭阳区配合第三方调查机构（云南农业大学）选取昭阳区主要覆膜乡镇，随机等距抽取农户，开展实地调查，采取纸质填报和手机 App 线上填报同时进行的方式，完成填报《农户地膜应用及污染调查表》132 份。

原位监测，昭阳区配合第三方调查机构（昆明理工大学）根据昭阳区主要覆膜乡镇及主要覆膜作物，选取 15 个原位监测取样点，分别于作物播种前及当季作物收获后下季作物播种前，每个取样点采用梅花取样法取 5 个 1m×1m×0.3m 样方，捡拾出所有残膜，洗净称重，折算地膜累计残留量及当季残留量。

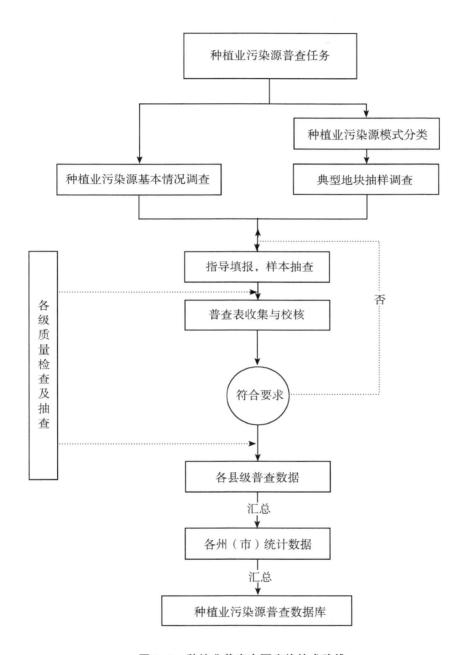

图 1-1 种植业普查主要实施技术路线

（5）秸秆组。采用县级普查统计，从基础数据（资料）普查入手，获取全市各县（市、区）主要农作物种植、收获与秸秆综合利用情况等基础数据。

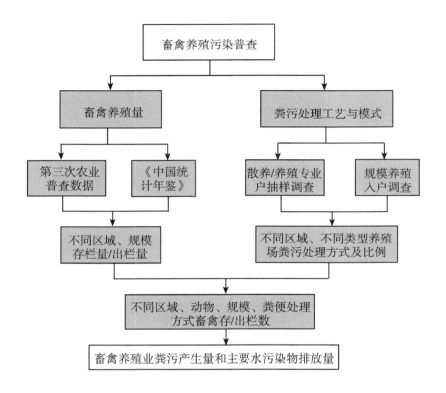

图 1-2 畜禽业普查主要实施技术路线

1.2.2 普查的技术准备

此次农业污染源普查通过成立污染源普查机构、制定普查方案、落实经费渠道、建立健全普查工作机制、完成普查信息系统开发建设等工作，开展了有关普查的技术准备工作，同时，各专业组根据专业情况对各专业的普查分别进行了相关技术准备。

种植业组：种植业污染源普查工作，在市污普办的统一领导和省种植业组的带领下，通过成立种植业专题小组，制定普查方案，开展了相关普查的技术准备工作，同时，省种植业组根据昭通市实际情况采取县级全面调查和典型地块抽样调查结合的方式，系统收集全市 11 个县（区、市）农作物种植基本情况和化肥施肥量、农药施用量等指标，（以 2017 年统计数据结合当地生产实际填报），选择了符合昭通市实际的19 类种植模式 1 000 个典型地块进行抽样调查，摸清模式面积、各模式中实施减排措施的面积等基量数据。由农环、土肥、植保、栽培等相关领域技术骨干 10 人组成的调查小组，集中开展抽样调查。除主要调查内容外，每张调查表还注明调查人、审核人及联系方式并要求为手签。按照国家统一要求及时填报、上传并留底以备复查。调查数据实行县、市、省、三级审核，确保数据质量。

畜禽养殖业组：为有序地推进全市畜禽养殖业污染源普查的各项工作，在市农业源污染普查工作领导小组的统一领导下，各市（县、区）成立畜禽养殖业污染源普查工作机构，制定普查方案，落实经费渠道，建立健全普查工作机制，开展普查宣传与技术培训工作，完成普查信息系统开发建设等技术准备工作。

水产养殖业组：水产养殖业组广泛收集相关文献报告资料，结合统计年鉴数据，辅以实地调研，摸清全市范围内水产养殖品种、养殖模式的分布情况，同时摸清养殖生产过程中的重点产排污的环节、方式和时间频次等基础情况。

地膜组：本次地膜污染源普查通过成立污染源普查机构、制定普查方案、落实经费渠道、建立健全普查工作机制、完成普查信息系统开发建设等工作，开展了有关普查的技术准备工作。①全面普查。市级对各县（市、区）的普查指导员及普查员开展培训，全面掌握普查工作技术要点，在普查过程中通过实地走访，查阅资料调查本辖区内地膜使用回收量及各作物覆膜面积等信息，结合 2017 年统计数据及生产实际据实填报。②原位监测。由昆明理工大学负责对开展原位监测的工作人员进行培训，经培训考核合格后持证上岗，在开展取样前准备好所需工具，如样品袋、样框、铁锹、记录本、标签等。在取样、制样、试验室清洗称重等全过程严格按照方案中的技术要求开。③抽样调查。由云南农业大学负责对开展抽样调查的工作人员进行培训，经培训考核合格后持证上岗，在抽样调查开始前，准备好抽样调查纸质填报表，下载网上填报 App，在调查过程中采取纸质填报及网上填报同时进行的方式进行调查数据填报。

秸秆组：在市污普办的统一领导和省秸秆组的指导下，昭通市成立了污染源普查秸秆组，制定普查方案，开展了相关普查的技术准备工作。在调查表的填写中除了主要调查内容外，每张调查表还注明调查人、审核人以及联系方式并要求为手签。按照国家统一要求及时填报、上传并留底以备复查。调查数据实行县、市、省三级审核，确保数据真实有效。

1.2.3 普查对象的确定

种植业组：全市 11 个县（区、市）均开展种植业普查工作，完成了普查表格 N201-1、N201-2 和 N201-3 的填报，3 张表共计 33 份。

畜禽养殖业组：畜禽粪尿及特性参数产生量的普查对象为生猪、奶牛、肉牛、蛋鸡、肉鸡五个畜种的规模化养殖场。畜禽养殖主要水污染物排放量的普查对象为生猪、奶牛、肉牛、蛋鸡、肉鸡五个畜种的规模化养殖场。昭通市畜禽养殖业污染源普查对象数量为全市 11 个县（市、区）共 237 家规模化养殖场。

水产养殖业组：水产养殖组组织全市 11 个县（市、区）填写《县（市、区、旗）水产养殖普查表》。

地膜组：昭通市地膜普查组完成了全市 11 个县（市、区）各类表格填报工作，填报表格为 N201-1 县（区、市、旗）种植业基本情况、N201-2 县（区、市、旗）种植业播种、覆膜与机械收获面积情况共计 22 份表格，涉及各类指标 2 002个。

秸秆组：全市 11 个县（市、区）均开展秸秆普查工作，每县（市、区）均完成了普查表格 N201-1、N201-2 和 N201-3 3 张表格中的秸秆部分和企业"五料化"利用统计表的填报。

1.2.4 污染物产生、排放量的核算方法

种植业组：根据环保部门系统中提供的核算系数进行污染物产生、排放量的核算方法（图 1-3 至图 1-7）。

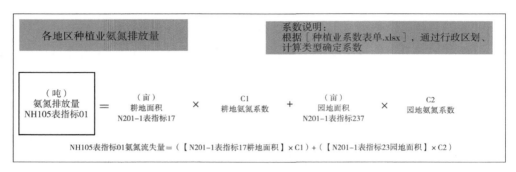

图 1-3 氨氮排放量核算方法

图 1-4 总氮排放量核算方法

畜禽养殖业组：污染物产生量和排放量采用系数法核算，在 2019 年 6 月由国务院第二次全国污染源普查领导小组办公室提供的产生和排放系数出来后，全市 11 个县（市、区）于 6 月底全部完成了 237 家规模化以上畜禽养殖业污染源主要污染物产生和排放量的核算，同时完成了县（市、区）规模以下畜禽养殖业污染源主要污染物产生和排放量的核算。

地膜组：地膜污染残留量核算方法按照国家给定方法在环保专网内进行核算，具体核算过程如图 1-8 所示。

各地区种植业挥发性有机物排放潜力

系数说明：
根据【第二次全国污染源普查种植业氨与VOCs排放量核算表–1.xlsx】
中sheet页（种植业农药VOCs挥发量汇总核算），通过行政区划、作物
种类确定VOCs排放系数

$$
\begin{array}{c}(吨)\\ 挥发性有机物\\ 排放潜力\\ NH105表指标05\end{array} = \left(\sum \begin{array}{c}(亩)\\ 播种面积\\ N201–2表指标\end{array} \times 对应作物的农药使用VOCs排放系数 + \cdots + \begin{array}{c}(亩)\\ 茶园播种面积\\ N201–表指标25\end{array} \times \begin{array}{c}茶叶种植\\ 用VOCs排放系数\end{array} \right) \div 100\,000
$$

县（区）种植业农药VOCs排放量（NH105表指标05挥发性有机物）
=（∑）〔【N201–2表指标（播种面积）×对应作物的农药使用VOCs排放系数】+N201–1表指标25
茶园（面积）×茶叶种植VOCs排放系数〕/1 000 000

详细计算过程：NH105表指标05挥发性有机物
=（【N201–2表指标02小麦×小麦种植VOCs排放系数
+N201–2表指标03玉米×玉米种植VOCs排放系数
+N201–2表指标05早稻×早稻种植VOCs排放系数
+N201–2表指标06中稻和一季晚稻×中稻和一季晚稻种植VOCs排放系数
+N201–2表指标07双季晚稻×双季晚稻种植VOCs排放系数
+N201–2表指标08薯类×薯类种植VOCs排放系数
+N201–2表指标11大豆×大豆种植VOCs排放系数
+N201–2表指标12其他豆类×其他豆类种植VOCs排放系数
+N201–2表指标13其他粮食作物×其他粮食作物种植VOCs排放系数
+N201–2表指标16油菜×油菜种植VOCs排放系数
+N201–2表指标17花生×花生种植VOCs排放系数
+N201–2表指标18向日葵×向日葵种植VOCs排放系数
+N201–2表指标19棉麻作物–20棉花×棉麻种植VOCs排放系数
+N201–2表指标20棉花×棉花种植VOCs排放系数
+N201–2表指标22甘蔗×甘蔗种植VOCs排放系数
+N201–2表指标23甜菜×甜菜种植VOCs排放系数
+N201–2表指标24烟叶×烟叶种植VOCs排放系数
+N201–2表指标26中药材×中药材种植VOCs排放系数
+N201–2表指标27其他经济作物×其他经济作物种植VOCs排放系数
+N201–2表指标29露地蔬菜×露地蔬菜种植VOCs排放系数
+N201–2表指标30保护地蔬菜×保护地蔬菜种植VOCs排放系数
+（N201–2表指标31瓜果–32西瓜）×瓜果（不含西瓜）种植VOCs排放系数
+N201–2表指标32西瓜×西瓜种植VOCs排放系数
+N201–2表指标34苹果×苹果种植VOCs排放系数
+N201–2表指标35梨×梨种植VOCs排放系数
+N201–2表指标36葡萄×葡萄种植VOCs排放系数
+N201–2表指标37桃×桃种植VOCs排放系数
+N201–2表指标38柑桔×柑桔种植VOCs排放系数
+N201–2表指标39香蕉×香蕉种植VOCs排放系数
+N201–2表指标40菠萝×菠萝种植VOCs排放系数
+N201–2表指标41荔枝×荔枝种植VOCs排放系数
+N201–2表指标42其他果树×其他果树种植VOCs排放系数
+N201–1表指标25茶园×茶叶种植VOCs排放系数）/1 000 000

说明：本核算过程用到的N201–2表中指标均为播种面积。

图1–5 挥发性有机物排放潜力核算方法

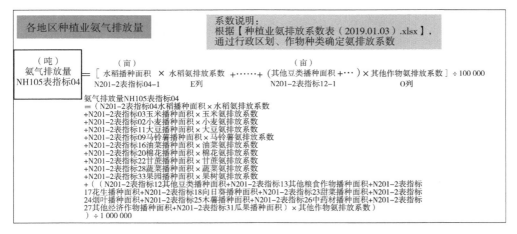

各地区种植业氨气排放量

系数说明：
根据【种植业氨排放系数表（2019.01.03）.xlsx】，
通过行政区划、作物种类确定氨排放系数

$$
\begin{array}{c}(吨)\\ 氨气排放量\\ NH105表指标04\end{array} = \left[\begin{array}{c}(亩)\\ 水稻播种面积\\ N201–2表指标04–1\end{array} \times \begin{array}{c}水稻氨排放系数\\ E列\end{array} + \cdots + \begin{array}{c}(亩)\\ (其他豆类播种面积 + \cdots\\ N201–2表指标12–1\end{array})\times \begin{array}{c}其他作物氨排放系数\\ O列\end{array} \right] \div 100\,000
$$

氨气排放量NH105表指标04
=（N201–2表指标04水稻播种面积×水稻氨排放系数
+N201–2表指标03玉米播种面积×玉米氨排放系数
+N201–2表指标02小麦播种面积×小麦氨排放系数
+N201–2表指标11大豆播种面积×大豆氨排放系数
+N201–2表指标09马铃薯播种面积×马铃薯氨排放系数
+N201–2表指标16油菜播种面积×油菜氨排放系数
+N201–2表指标20棉花播种面积×棉花氨排放系数
+N201–2表指标22甘蔗播种面积×甘蔗氨排放系数
+N201–2表指标28蔬菜播种面积×蔬菜氨排放系数
+N201–2表指标33园林播种面积×果树氨排放系数
+（（N201–2表指标12其他豆类播种面积+N201–2表指标13其他粮食作物播种面积+N201–2表指标
17花生播种面积+N201–2表指标18向日葵播种面积+N201–2表指标23甜菜播种面积+N201–2表指标
24烟叶播种面积+N201–2表指标25木薯播种面积+N201–2表指标26中药材播种面积+N201–2表指标
27其他经济作物播种面积+N201–2表指标31瓜果播种面积）×其他作物氨排放系数）
）÷1 000 000

图1–6 氨气排放量核算方法

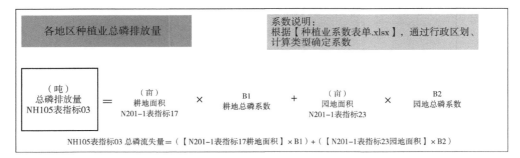

图1-7　总磷排放量核算方法

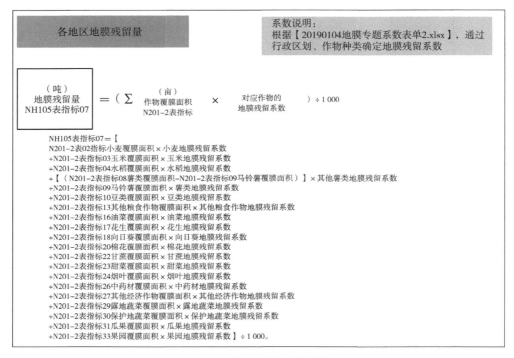

图1-8　地膜污染残留量核算过程

1.3　普查数据质量管理

1.3.1　入户调查阶段的质量管理

　　种植业组：按照《云南省环境保护厅云南省农业厅关于推进云南省第二次全国污染原普查农业污染源普查制度实施工作的通知》（云环通〔2018〕173号）"县级农业普查办负责组织入户调查，县级普查办配合"的要求，11个县（区、市）农业普查办种植业组工作人员，在同级环保部门普查办的配合下，组织开展了入户调查报表的填报及后续数据核算工作。在入户调查中，根据省、市二级要求的时间节点，由专业技术工作人员来担任普查员和普查指导员，确定抽样地块分布及调查对象，实行双人填报，双人审核，签字确认。规范指导调查对象，提示高错误风险点，做到数据填报前、数据填报中和数据填报后有效、及时地进行质量控制和审核、复核。

畜禽养殖业组：入户调查阶段是整个普查工作的核心重点工作，为确保普查数量、普查内容、普查数据真实、全面、准确。做好两员入户调查前的技术培训是事关整个普查质量的关键。为此，2018 年 9 月底，昭通市农污普办在昭阳区召开了全市农业污染源普查技术培训会，在相关领导做动员讲话后，各专题组随后进行培训，市畜禽专题组也对 11 个县（市、区）53 名普查员和普查指导员组织开展了畜禽养殖业污染源普查技术培训，详细讲解了污普方案、技术要求、质量管理等内容。培训中充分结合昭通市实际，对普查方案、表格与指标解释、技术规定、工作细则、表格填写、数据录入、软件使用等内容进行现场演示和讲解，让普查员和普查指导员熟练掌握普查技术，以保证保障普查工作效率和质量。2018 年 10 月下旬至 11 月底，昭通市各县区畜禽养殖业污染源普查工作先后进入了入户调查阶段，全体普查工作人员不辞辛劳、实地深入每一户养殖场进行普查。并在规定的时间节点完成了入户调查任务。

地膜组：地膜普查工作由两名以上县级从事相应专业技术工作的普查员和普查指导员承担。昭通市农业污染源普查工作领导小组地膜组在入户调查和数据审核两个重要节点跟各县（市、区）普查人员加强沟通，对入户调查和数据审核进行有效、及时的质量控制。做到数据填报前确定调查数据来源，数据填报中实行双人填报反复比对，规范指导调查对象，提示高错误风险点，数据填报后认真进行审核和复核。

1.3.2 数据汇总审核

为提升昭通市第二次全国农业污染源普查数据质量，确保普查数据真实、客观、全面，按照《关于做好第二次全国污染源普查质量核查工作的通知》（国普查〔2018〕8 号）、《关于开展第二次全国污染源普查质量核查工作的通知》（国污普〔2019〕6 号）等有关文件要求，昭通市种植业组、畜禽养殖业组、水产养殖业组从 2018 年 11 月起就全面开展了数据汇总审核和质量核查工作。

种植业组：全市 11 个县（市、区）普查报表涉及 N201-1、N201-2 和 N201-3 3 张表格，共计 33 份。由于环保 3 张表内容涉及种植、秸秆和地膜三个专业，其中秸秆和地膜组负责审核其相关内容。质量核查人员队伍由县级、市级种植业、秸秆、地膜组审核员组成，共同开展质量核查工作，首先核查了调查表总体填报数量与承担任务是否相匹配，调查配额条件与承担任务是否相一致，同时对调查表填报项的完整性、合理性、逻辑性等进行逐项审核，重点针对数据填报项的完整性、合理性、逻辑性等进行 100%核实，并对发现的问题及时进行反馈，要求各县对问题清单及时开展核实工作。

畜禽养殖业组：昭通市清查建库的任务数为 326 户，实际完成 237 户规模养殖场的信息采集、坐标采集、数据审核、污染源核算等工作，有 89 户属重复、停产、关闭养殖场。①普查员审核，普查员对普查表的内容、指标填报是否齐全，同时对普查表填报的准确性、真实性进行核查，以及是否符合普查制度的规定和要求等进行现场审核。②普查指导员审核，普查指导员主要审核数据的合理性和逻辑性。③市县两级集中会审，昭通市对照第二次全国污染源普查质量核查相关规定和要求，于 11 月 16—18 日举办了全市的畜禽养殖业入户调查数据质量审核培训会，参加培训的人员共 30 人。培训会专门邀请了云南省畜禽普查组专家和昭通市环保信息员为参训人员作了详细解答，通过普查审核技术培训，为开展昭通市畜禽养殖业污染源普查工作提供了普查质量保障。通过培训集中审核，及时修正解决了填报中发现的问题。④组织县（市、区）之间交叉互审，尽管第一次市县两级集中会审后，审核发现并解决了入户调查中的填报问题，但是在国家环保审核系统中依然存在部分问题，为此，2019 年 2 月再次组织举办了全市畜禽养殖业入户调查数据质量审核培训会，参加培训的人员共 28 人，培训结束后现场立即展开县（市、区）与县（市、区）之间交叉互审、同时做好审核记录，对一些难点、疑点及共性问题，采取集中研讨审核的方式，各县（市、区）对照交叉审核记录再一一整改，全面提升了昭通市的普查数据质量。

水产养殖业组：从 2018 年 11 月起就全面开展了数据汇总审核和质量核查工作。对水产养殖业普查表应进行多级审核，发现填报错误、逻辑错误或填报信息不全、不合理的，要求普查对象予以更正。原则上，各级普查员依照各级职责，对水产养殖业污染源普查负责。其中，普查员应按照规定和要求认真填报普查表，对所填报的数据的真实性负责，并提供与普查相关的基础材料，以备核实普查表填报内容；普查指导员应对普查表的内容、指标填报是否齐全，以及是否按照报表制度的规定和要求，数据的合理性和逻辑性等进行审核，在数据汇总阶段再次审核数据填报是否有漏填错填的地方。

地膜组：为提升昭通市第二次全国污染源普查地膜污染普查数据质量，确保普查数据真实、客观、全面，按照国家、省、市级有关文件要求，全市 11 个县（市、区）分别填报《县（区、市、旗）种植业基本情况》（N201-1 表）及《县（区、市、旗）种植业播种、覆膜与机械收获面积情况》（N201-2 表）各一份，共 22 份。昭通市地膜组收集汇总后，对 22 份报表中涉及地膜的内容进行逐一审核，重点针对数据填报的完整性、合理性、逻辑性进行核实并对发现的问题及时进行反馈，要求各县（市、区）对问题清单及时开展核实整改工作。

秸秆组：市级和县级分别成立数据审核人员，从 2018 年 11 月起开展了数据汇总和质量核查工作。主要涉及全市 11 个县（区、市）普查 N201-1、N201-2 和 N201-3 3 张表格的秸秆部分。首先核查了调查表总体填报数量与承担任务是否相匹配，调查配额条件与承担任务是否相一致，同时对调查表填报项的完整性、合理性、逻辑性等进行逐项审核，重点针对数据填报项的完整性、合理性、逻辑性等进行 100% 核实，并对发现的问题及时进行反馈，要求县（市、区）对照问题清单及时开展核实工作。

1.3.3 质量核查

1.3.3.1 前期准备

种植业组：根据 2018 年 10 月昭通市第二次污染源普查种植业组质控方案要求，所有种植业填报人均为质控人员，明确了质量控制全流程，全要素、可追溯的基本原则，对质控准备、现场调查、数据汇总和质量核查等各个环节质量控制作了要求。质量核查采用召开座谈会、利用环保清查系统和现场核查相结合的方式，重点对种植业进行了系统填报数据、纸质调查表审核及相关档案核查等工作开展质量核查。

畜禽业组：根据云南省农业污染源普查办公室《关于开展云南省农业污染普查质量控制与现场核查的通知》（云函〔2018〕35 号）的要求和昭通市农业污染源普查办公室《关于开展昭通市第二次全国农业污染源普查质量控制现场核查的通知》昭农污普〔2018〕9 号文件的要求，为切实抓好昭通市农业污染源普查质量控制工作，昭通市畜禽专题组充分做好了质量核查的前期准备工作，制定了《昭通市规模化畜禽养殖场入户调查区县普查报表自查工作方案》《昭通市规模化畜禽养殖场入户调查质量核查实施方案》，对核查人员选派，核查时间、核查方式、核查数量、核查内容等都结合昭通市普查工作实际，作了合理的计划和安排。

地膜组：本次污染源普查昭通市第二次全国农业污染源普查工作领导小组办公室出台了《关于成立市级质控工作组、市级质控专家组及明确各专题质控负责人的通知》（昭农污普查函〔2018〕2 号），构建了质控组织框架，明确了工作职责和质控负责人。根据云南省下发的《云南省农业污染源普查质量控制实施方案》及《关于印发云南省农业污染源普查各专题质量控制实施方案及质控计划的通知》，昭通市制定下发了《昭通市农业污染源普查（地膜组）质量控制工作方案》，明确了质量控制全流程，全要素、可追溯的基本原则，对质控准备、现场调查、原位监测、数据汇总和质量核查等各个环节质量控制作了要求，量化了质量控制范围及数量，各县（市、区）成立质控组，由专题组成员担任质控负责人。

秸秆组：为确保秸秆普查质量控制，昭通市质量控制工作均在市第二次农业污染源普查工作领导小组的统一协调下，建立覆盖普查全过程、全人员的质量管理制度并负责监督实施，要求市、县（市、区）农业污染源秸秆普查机构认真执行农业污染源普查质量管理制度，按照国家标准和技术规范有关要求进行数据填报，并按有关规定和要求进行逐级审核，做好农业污染源普查质量保证及质量管理工作。

质量管理具体工作由领导小组下设的质量控制组牵头，开展质量控制，确保普查工作质量全程痕迹化管理，数据质量全程可追溯。

1.3.3.2 入户调查

按照"人员到位、专业对口、远近兼顾、双人入户、填报准确"的原则开展普查，并严格实行五级审核制度：一是由普查对象对表中填报内容审核确认签字（盖章或按手印）；二是普查员审核；三是普查指导员审核；四是县级普查机构审核；五是州（市）和省级普查机构抽样审核。普查表经各级核查合格后才能进行数据录入。为核查填报数据的真实性，采取了通过召开座谈会议，听取抽样调查县开展工作情况报告，审阅相关调查资料和调查报表，深入实地开展现场抽样核查，逻辑性、准确性、合理性审核等多种手段。

一是开展真实性复核，采用 GPS 坐标复核、调查照片复核、调查员与调查对象合照复核、纸质调查表字迹审核、电话回访复核、现场复核等方式对普查数据进行复核。二是开展准确规范性复核，做到内容准，逻辑无误，重点查异常值、纸质调查表数据与电子数据库中数据的是否一致。三是完整性复核，要求调查表完整、数量完整、配额完整。重点进行查重、查漏、查配额，根据调查对象姓名、电话、地址等筛选重复数据，对于重复数据进行核对，检查普查表指标填报是否完整，同时检查配额数据是否满足抽查要求。

1.3.4 普查数据质量评估

为保证昭通市第二次全国农业污染源普查数据质量，依据《关于印发第二次全国污染源普查制度的通知》（国污普〔2018〕15 号）、《关于印发第二次全国污染源普查技术规定的通知》（国污普〔2018〕16 号）、《关于印发第二次全国污染源普查质量控制技术指南的通知》（国污普〔2018〕18 号）等文件要求，对普查数据质量进行了评估。

种植业组：为保证昭通市第二次全国农业污染源普查数据的真实性、完整性、合理性、逻辑性，昭通市种植业组利用会议形式、系统筛查、纸质报表审核开展了 3 次全面质量核查，列出问题清单并反馈到 11 个县（市、区），督促各县（市、区）根据问题清单，举一反三对所填报表进行全面比对核查，对发现的问题及时核实整改，形成整改情况书面报告。根据国家反馈的问题清单，及时通知相关县（市、区）进行核查整改，形成书面报告并确保在环保系统完成审核和核算，确保本次普查数据质量真实可靠。

（1）一轮质控。2018 年 11 月 16—17 日，各县（市、区）上报表册到市普查办，经市县审核员会议审核环保普查表全市 33 份，11 个县（市、区）上报的材料出现了漏报、错报等较多问题，逻辑性和合理性也存在很多错误，表格合格率不到 30%，没有上报审核价值，材料全部退回县级单位整改，重审重报。由于不同耕地与园地总面积数据来源不统一，统计局数据不全，因此全市采用 2017 年统计与当地生产实际进行填报。

（2）二轮质控。2018 年 12 月 6 日，县（市、区）整改重审质控情况，详见《昭通市种植业组各县区整改重审上报质控情况统计表》，复核平均合格率达到 81.5%，要求质控发现的问题，各县（市、区）进行整改后再上报（表 1-1）。

表 1-1　昭通市种植业组各县区整改重审上报质控情况统计

序号	县名	环保 3 张表（份）		
		总表	问题表	合格（%）
1	昭阳区	3	0	100
2	鲁甸县	3	1	66.7
3	巧家县	3	1	66.7
4	盐津县	3	1	66.7
5	大关县	3	1	66.7
6	永善县	3	0	100
7	绥江县	3	0	100
8	镇雄县	3	1	66.7
9	彝良县	3	0	100
10	威信县	3	0	100
11	水富市	3	0	100
	合计	33	5	81.5

（3）三轮质控。在经过上两轮审核、整改的基础上，市级又进一步进行复核。复核 33 份表，复核率均为 100%，全市 11 个县（市、区）数据填报所有模式总面积均达到本县（市、区）不同耕地与园地总面积的 95% 以上，逻辑关系均通过了农业部下发的效验表效验。

（4）现场质控。2018 年 12 月 26—29 日对昭阳区和永善县开展农业污染源普查质量控制现场核查工作。通过听取汇报、检查档案资料、实地抽查、调查等方式进行了系统、全面的核查，发现问题，一是对此次农业污染源普查的重要性和必要性认识不充分；二是档案建立不全；三是对数据审核不到位；四是存在没有按填表说明进行规范填报的现象。并要求 2 县（市、区）对问题限期整改，其余 9 县（市、区）对照问题做好自查自纠，查缺补漏、对照整改。

（5）第一次省级反馈意见整改。2019 年 1 月 21 日云南省种植业组下发第一次反馈意见清单，表 N201-1 水富、盐津和昭阳区存在耕地与园地总面积数据逻辑关系错误问题，表 N201-2 盐津果园播种面积也存在数据逻辑错误。昭通市种植业组立即联系问题县（市、区）要求核实整改。经与县（市、区）环保部门核实问题后属于环保系统数据录入时发生的错误，已在环保专网进行修改。

（6）国家第一轮整改。根据国家反馈的相关种植业问题清单要求，昭通市种植业组将问题清单下达各县（市、区），要求以坚持实事求是为原则，对国家提出的问题要逐一进行核实整改，并根据问题清单举一反三，对所有填报数据进行再次核实，确保数据客观真实，来源有依据，数据之间无冲突，发现问题立即整改，并将问题和整改情况及时上报。

（7）国家第二轮整改。2019年8月12日，国家反馈和云南省种植业组利用环保专网梳理的问题清单中涉及昭通市种植业的问题有12条，昭通市种植业组将涉及的8个县（市、区）问题清单立即下发，要求各县对照问题，逐条整改。其中有8条问题属于农药亩均用量小于0.3千克，与全国平均水平相差较大，但均查实由于确实为实际用量，无须修改；有3条为逻辑问题，总项数据不等于分项之和，有1条为表审核未通过，已在8月整改完成。

（8）国家第三轮整改。2019年9月20日，国家反馈问题清单中昭通市种植业涉及永善县表N201-1中不同坡度耕地和园地总面积（亩）不等于耕地面积（亩）＋园地面积（亩）之和，9月21日已整改完成，并重新在环保专网进行核算和上报省种植业组。

（9）填报数据与环保专网数据比对。2019年10月15—18日，根据省种植业组要求进行环保专网数据比对，昭通市种植业组将10月8日专网导出数据发给了11个县（市、区），要求抓住最后机会，深入审核上报数据并在18日前完成数据比对工作，并上报比对情况说明。在10月21日完成了全市汇总上报工作。

畜禽养殖业组：从2018年12月的全市内自查情况，以及2019年1月和8月的省级核查反馈情况来看，昭通市畜禽养殖业污染源普查，局部存在少部分漏填、错填和逻辑性错误的问题，通过认真的核实整改，据统计，目前，普查单位和普查对象的漏报率为0，各项指标漏填率为0，指标填报差错在1%以内，普查数据准确、合理、填报规范，普查数据质量总体较高。

水产业组：为确保水产养殖普查数据的真实性、完整性、合理性、逻辑性，市水产养殖组对报送纸质报表进行集中审核，对各县（市、区）所填报表N201-3进行了全面审核，列出问题清单并反馈到相应县（市、区），督促各地根据问题清单，举一反三对所填报表进行全面比对核查，对发现的问题及时核实整改，形成整改情况书面报告。根据国家反馈的问题清单，及时通知相关县（市、区）进行核查整改，形成书面报告并确保在环保系统完成审核和核算，确保本次普查数据质量真实可靠。水产污染物普查组采用了以下三种方式开展报表N201-3的核查工作。

（1）对纸质表进行形式核查，核查重点为：有无漏填、错填项，签名是否为手签，统计负责人、审核人与填表人是否为不同人，核查比例为100%。

（2）对电子版的表格比照2017年渔业统计年报进行数据核查，核查重点为，池塘养殖、工厂化养殖、网箱养殖、稻田养殖等养殖模式的养殖面积、产量、投苗量与年报是否一致，核查比例为100%。

（3）采用召开座谈会和现场核查相结合的方式，重点对水产养殖业进行了电话回访、纸质调查表审核及相关档案核查等。经过多种质量控制手段的数据核查，本次水产养殖业污染源普查的数据质量较高，准确率达到90%以上。

地膜组：为确保地膜普查数据的真实性、完整性、合理性、逻辑性，市地膜组对报送纸质报表进行集中审核、现场核查等方面对各县（市、区）所填报表 N201-1 和 N201-2 进行了全面审核，列出问题清单并反馈到相应县（市、区），督促各地根据问题清单，举一反三对所填报表进行全面比对核查，对发现的问题及时核实整改，形成整改情况书面报告。根据国家反馈的问题清单，及时通知相关县（市、区）进行核查整改，形成书面报告并确保在环保系统完成审核和核算，确保本次普查数据质量真实可靠。

（1）集中审核。2018 年 11 月 16 日，昭通市第一次集中审核发现问题，永善县，表 N201-1 地膜覆膜面积总面积 122 500 亩，表 N201-2 各作物覆膜面积总和为 73 155 亩，两表覆膜面积差异较大。鲁甸县，表 N201-1 地膜覆膜面积总面积 173 435 亩，表 N201-2 各作物覆膜面积总和为 173 635 亩，两表覆膜面积差异 200 亩。巧家县，表 N201-1 地膜覆膜面积总面积 137 025 亩，表 201-2 各作物覆膜面积数据填报错误，如粮食作物覆膜面积 137 025 亩，分项中玉米为 124 545 亩，薯类 12 480 亩比马铃薯 12 958 亩更小的逻辑错误，豆类中其他豆类 1 500 亩没在豆类一栏进行求和，而且玉米 124 545 亩+薯类 12 480 亩+豆类 1 500 亩 = 138 525 亩与总的粮食作物面积 137 025 亩不相符，另外，表 N201-1 地膜覆膜总面积为 137 025 亩，逻辑混乱。同时，蔬菜覆膜面积求和错误。建议表 N201-2 核实重填。水富县（市），表 N201-2 中，粮食作物覆膜面积求和错误，表中玉米覆膜面积 4 531 亩，马铃薯覆膜面积 1 000 亩，没有相应填在薯类一栏，使得粮食作物总面积仍为 4 531 亩，马铃薯覆膜面积在粮食作物面积求和时漏统。另外，没有的项不应为空，需填 "0"。绥江县，表 N201-1 中，蔬菜覆膜面积第 28 栏未进行求和。针对以上问题，书面通知相应县（市、区）及时做好复核整改。

（2）现场核查。2018 年 12 月 26—30 日，昭通市组织了 "昭通市第二次全国农业污染源普查工作现场核查"，全市抽取昭阳区、永善县两个县区为现场核查地区，对地膜污染普查工作开展现场核查，并就现场核查过程发现的问题要求全市 11 个县（市、区）对照整改。

（3）国家第一轮整改。昭通市地膜组共发现问题 2 条，分别是威信县地膜使用量数据异常问题（以县为单位，地膜年使用总量/地膜覆盖面积的商值大于 1.5~15 的合理区间）；鲁甸县 N201-2 与 N201-1 覆膜总面积数据不相等（表 N201-1 地膜覆盖总面积≠表 N201-2 粮食作物覆膜面积+经济作物覆膜面积+蔬菜覆膜面积+瓜果覆膜面积+果园覆膜面积）。

（4）国家第二轮整改。昭通市地膜组共发现问题 2 条，分别是鲁甸县有地膜回收企业，回收利用总量为 0；彝良县有地膜回收企业，回收利用总量为 0。

（5）国家第三轮整改。昭通市地膜组未发现问题。

针对以上每次数据审核过程中发现的问题，均要求相应县（市、区）及复核时整改，确保地膜普查工作数据质量。

秸秆组：为保证第二次全国污染源普查秸秆数据的真实性、完整性、合理性、逻辑性，昭通市秸秆组利用会议形式、系统筛查、纸质报表审核开展了3次全面质量核查，列出问题清单反馈到11个县（市、区），督促各县（市、区）根据问题清单，对所填报表进行全面比对核查，对发现的问题及时核实整改，形成整改情况书面报告。根据国家和省反馈的问题清单，及时通知相关县（区、市）进行核查整改，形成书面报告。

（1）一轮质控。市秸秆质量控制组于2018年11月17—19日，对11个县（市、区）上报33份表中涉及秸秆方面的内容进行质控，针对部分县（市、区）上报的表格出现逻辑错误，没有填报综合机关名称，表格格式不符合要求，没有单位负责人、统计人、填表人等，上报秸秆组和种植业的数据不统一等问题，列出问题清单及时反馈到县区，要求重新审核，及时整改上报。

（2）二轮质控。2018年12月4日，市级秸秆质控组对县（市、区）整改重报的表格进行再次质控，发现水富市秸秆饲料化利用中出现逻辑错误，要求再次整改。

（3）三轮质控。在经过上两轮审核、整改的基础上，市级秸秆质控组进行第三次复核。复核33份表，复核率均为100%，全市11个县（市、区）数据均审核合格，上报云南省秸秆组。

（4）现场质控。2018年12月26—29日，昭通市污普办抽派有关工作人员对昭阳区和永善县农业污染源普查工作进行现场核查。通过听取汇报、检查档案资料、实地抽查、调查等方式进行了系统、全面的核查，发现存在三个方面的问题：一是对此次农业污染源普查的重要性和必要性认识不够；二是档案建立不齐全；三是没有按填表说明进行规范填报现象。要求2个县（市、区）对问题进行限期整改，其余9个县（市、区）对照问题做好自查自纠，查缺补漏，对照整改。

（5）撰写质量控制和质量保证报告。2019年1月8日，市级秸秆组撰写《昭通市第二次农业污染源普查（秸秆组）质量控制和质量保证报告》上报昭通市农业污染源普查办公室。

1.3.5 对普查范围完整性、普查数据质量的可靠性整体评价

昭通市各级农业部门对全国第二次污染源普查工作高度重视，专门成立了农业污染普查工作领导小组办公室，并组建了种植业、畜禽养殖业、水产养殖业等小组，抽调专业技术人员，按照国家的统一要求和部署，组织开展农业污染源普查工作。由于各级领导重视，各阶段工作任务明确，人员和部分经费落实，种植业、水产养殖业、畜禽养殖业和移动源专业组工作进展较为顺利，按时、按质、按量完成了各项普查任务。具体表现在以下几个方面。

种植业：此次种植业污染源普查是严格按照国家下发的普查制度，严把宣传培训、数据采集、数据录入和数据审核等各个关口，采用2017年统计数据结合当地生产实际填报，普查范围覆盖全市11个县（区、市），确保了普查范围的完整性和普查

数据的质量。通过种植业污染源普查，摸清了昭通市种植业污染物氨氮、总氮、总磷等废水污染物及种植业氨和挥发性有机物等废气污染物产排污情况。初步掌握了种植业污染状况，对农业面源污染防治，保护农业生态环境，提高农产品质量具有十分重要的意义。

畜禽业组：此次畜禽养殖业污染源普查将全市规模以上畜禽养殖场全部纳入普查范围，真正做到了"应查尽查、不重不漏"，完整地对全市规模以上畜禽养殖场进行了全覆盖的普查。

为确保普查数据质量，质量管理控制措施始终贯穿整个普查工作，入户调查阶段的普查表填报、核查均由普查对象和两名以上普查员或普查指导员现场签字认可，数据质量核查阶段的每次核查整改也都实事求是地进行核实整改，并做了核查记录，同时核查人员签字认可。因此，昭通市畜禽养殖业污染源普查数据真实、质量可靠。

水产业组：经过多次不同方式的普查数据质量审查，普查数据质量真实、可靠。昭通市水产养殖污染普查工作在昭通市第二次全国农业污染源普查工作领导小组的统一领导下，市级质控工作组、市级质控专家组的严格把关下圆满完成了昭通市水产养殖污染普查各项工作。严格按照国家下发的普查制度和方法，采用 2017 年统计数据结合当地生产实际进行填报，普查范围覆盖全市 11 个县（市、区）确保了普查范围的完整性。市、县两级普查办严把宣传培训、数据采集、数据录入和数据审核等各个关键环节，确保了普查数据的质量。

地膜组：昭通市地膜污染普查工作在昭通市第二次全国农业污染源普查工作领导小组的统一领导下，市级质控工作组、市级质控专家组的严格把关下圆满完成了昭通市地膜污染普查各项工作。地膜污染源普查是严格按照国家下发的普查制度，采用 2017 年统计数据结合当地生产实际进行填报，普查范围覆盖全市 11 个县（市、区）确保了普查范围的完整性。市、县两级普查办严把宣传培训、数据采集、数据录入和数据审核等各个关键环节，确保了普查数据的质量。通过本次普查，摸清了全市地膜使用量、回收量，统计了全市各个作物的覆膜面积，初步掌握了全市地膜污染的现状，对全市农业面源污染治理，保护农业生态环境，提高农产品质量具有十分重要的意义。

秸秆组：此次秸秆污染源普查是严格按照国家下发的普查制度，严把宣传培训、数据采集、数据录入和数据审核等各个关键环节，采用 2017 年统计数据并结合当地生产实际进行填报，普查范围覆盖全市 11 个县（市、区），确保了普查范围的完整性和普查数据的质量。通过秸秆污染源普查，摸清了昭通市秸秆机械化收割、秸秆直接还田、秸秆规模化利用、"五料化"利用企业（合作社）的基本情况。对提高秸秆综合利用，保护农业生态环境，促进耕地质量建设具有十分重要的意义。

2　昭通市第二次农业污染源普查总体结果分析

2.1　昭通市农业污染源普查对象概况

2.1.1　种植业污染源普查对象

昭通市种植业普查对象为全市 11 个县（市、区），填报表格为 N201-1 县（市、区）种植业基本情况、N201-2 县（市、区）种植业播种情况。

2.1.2　畜禽养殖业污染源普查对象

（1）畜禽养殖业污染源普查对象包括规上养殖场、规下养殖户。

（2）昭通市畜禽养殖业污染源普查对象数量。昭通市畜禽养殖业污染源普查对象数量为生猪规模养殖场 73 个、肉牛场 98 个、蛋鸡场 35 个、肉鸡场 31 个。规模以下生猪养殖场户数 866 558 户、奶牛 6 户、肉牛 152 910 户、蛋鸡 244 685 户、肉鸡548 595 户（表 2-1 至表 2-4）。

表 2-1　昭通市规模畜禽养殖场情况

分类 ＼ 畜种	生猪（出栏）	奶牛（存栏）	肉牛（出栏）	蛋鸡（存栏）	肉鸡（出栏）
养殖场数	73	0	98	35	31
年存出栏数（万头/万羽）	5.1292	0	1.6063	61.26	109.8106

表 2-2　昭通市规模以下养殖户情况

分类 ＼ 畜种	生猪（出栏）	奶牛（存栏）	肉牛（出栏）	蛋鸡（存栏）	肉鸡（出栏）
养殖户数	866 558	6	152 910	244 685	548 595
年存出栏数（万头/万羽）	414.2352	0.0024	25.4356	188.9224	835.9996

表 2-3 昭通市各县（市、区）规模畜禽养殖情况

行政区划名称	规模畜禽养殖场数（个）	规模生猪养殖场（个）	规模奶牛养殖场（个）	规模肉牛养殖场（个）	规模蛋鸡养殖场（个）	规模肉鸡养殖场（个）	生猪（全年出栏量）（万头）	奶牛（年末存栏量）（万头）	肉牛（全年出栏量）（万头）	蛋鸡（年末存栏量）（万羽）	肉鸡（全年出栏量）（万羽）
昭通市	237	73	0	98	35	31	5.1292	0	1.6063	61.26	109.8106
昭阳区	28	5	0	13	4	6	0.462	0	0.229	21.92	28
鲁甸县	34	12	0	14	5	3	0.802	0	0.3375	17.45	6.7
巧家县	8	4	0	0	3	1	0.297	0	0	1.15	4.8
盐津县	18	3	0	4	5	6	0.1601	0	0.0233	1.74	8.205
大关县	10	3	0	6	1	0	0.2688	0	0.1725	2	0
永善县	23	6	0	17	0	0	0.4057	0	0.1832	0	0
绥江县	13	7	0	1	1	4	0.3684	0	0.042	0.3	5.2176
镇雄县	41	17	0	12	8	4	1.3834	0	0.2913	8.85	5.038
彝良县	16	3	0	8	3	2	0.159	0	0.0682	1.38	32
威信县	33	6	0	20	3	4	0.3403	0	0.237	5.05	18.5
水富县（市）	13	7	0	3	2	1	0.4825	0	0.0223	1.42	1.35

表 2-4 昭通市各县（市、区）规模以下畜禽养殖户情况

行政区划名称	生猪养殖户数量（个）	奶牛养殖户数量（个）	肉牛养殖户数量（个）	蛋鸡养殖户数量（个）	肉鸡养殖户数量（个）	生猪出栏量（万头）	奶牛存栏量（万头）	肉牛出栏量（万头）	蛋鸡存栏量（万羽）	肉鸡出栏量（万羽）
鲁甸县	58 526	0	6 013	1 676	2 021	15.698	0	1.632	13.1885	36.56
永善县	120 163	0	10 946	0	105 329	23.89	0	1.1854	0	73.93
昭阳区	116 169	5	13 374	1 084	20 850	72.1466	0.0021	3.7461	13.8	75.5762
巧家县	93 556	0	10 835	330	5 602	51.15	0	1.408	9.6672	40.915
水富县（市）	3 707	0	307	310	1 654	8.7776	0	0.2478	0.525	50.1167
威信县	63 047	0	7 112	12 361	64 957	13.8597	0	1.4092	15.3735	47.8801
绥江县	16 143	0	2 730	4	16 784	7.5295	0	0.3401	0.4606	40.8011
镇雄县	221 835	1	83 671	183 762	246 371	138.512	0.0003	10.2352	87.105	258.056
盐津县	62 837	0	1 973	183	42 500	35.51	0	0.643	1.274	153.384
彝良县	69 312	0	7 091	15 663	24 343	27.021	0	3.0492	19.5328	42.1006

（续表）

行政区划名称	生猪养殖户数量（个）	奶牛养殖户数量（个）	肉牛养殖户数量（个）	蛋鸡养殖户数量（个）	肉鸡养殖户数量（个）	生猪出栏量（万头）	奶牛存栏量（万头）	肉牛出栏量（万头）	蛋鸡存栏量（万羽）	肉鸡出栏量（万羽）
大关县	41 263	0	8 858	29 312	18 184	20.1412	0	1.5396	27.9958	16.6798
昭通市	866 558	6	152 910	244 685	548 595	414.235	0.0024	25.4356	188.922	836.00

2.1.3 水产养殖业污染源普查对象概况

水产养殖业污染源普查分为县域统计。全市县域统计普查对象共 11 个。在县域统计中，每个县（市、区）填写《县（市、区、旗）水产养殖普查表》。

2.1.4 地膜污染源普查对象概况

昭通市地膜普查对象为全市 11 个县（市、区），填报表格为 N201-1 县（区、市、旗）种植业基本情况、N201-2 县（区、市、旗）种植业播种、覆膜与机械收获面积情况共计 22 份表格，涉及各类指标 2 002 个。

2.2 昭通市主要农业污染物排放情况

2.2.1 昭通市主要农业污染物排放总量

昭通市主要农业污染物包括氨氮、总氮、总磷、氨气、挥发性有机物、化学需氧量、氮氧化物、颗粒物、地膜累积残留。

昭通市 11 个县（市、区）农业污染物总量 62 717.3104 吨。其中氨氮排放量 508.2121 吨，总氮排放量 6 017.8202 吨，总磷排放量 595.2252 吨，氨气排放量 26 324.0559 吨，挥发性有机物 800.2356 吨，化学需氧量排放量 25 393.5278 吨，地膜累积残留量 3 078.2336 吨。

2.2.2 昭通市主要农业污染物排放数据宏观结构分析

2.2.2.1 污染物构成

从污染物的构成看，昭通市农业污染物排放量构成中氨气占比最大，占 42%；第二是化学需氧量，占 40%；第三是总氮排放量，占 10%；第四是地膜累积残留量，占 5%（图 2-1）。

2.2.2.2 污染物专业构成

从种植、畜禽、水产、移动源各专业产生的污染物结构看，畜禽养殖业排放污染

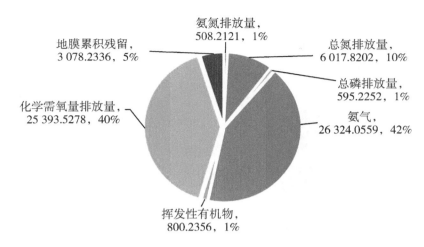

图 2-1 昭通市农业污染物排放量（吨）及占比

物最多，占 72%；第二是种植业，占 22%；第三是地膜，占 5%，第四是水产养殖业，占 1% 如图 2-2 所示。

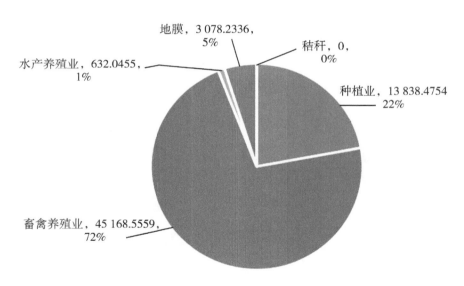

图 2-2 昭通市农业污染物排放量各专业构成占比

2.2.3 昭通市主要农业污染物排放数据空间分布分析

2.2.3.1 昭通市主要农业污染物排放总量数据空间分布

从昭通市 11 个县（市、区）污染物排放量（吨）及占比情况看（图 2-3），镇雄县的污染物排放量最多，有 16 848.4023 吨，占 27%；第二是昭阳区，排放量为 11 142.2962 吨，占 18%，第三是巧家县，排放量有 6 070.3783 吨，占 10%；最少的是水富县（市），排放量是 1 195.354 吨，占 2%。

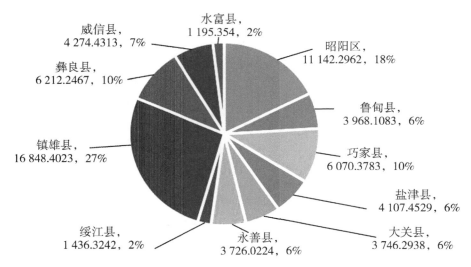

图 2-3 昭通市 11 个县区污染物排放量（吨）及占比

2.2.3.2 氨氮排放量

昭通市农业污染氨氮排放总量为 508.2121 吨，主要来源于种植业、畜禽养殖业、水产养殖业。其中种植业占比最大，占 54%；第二是畜禽养殖业，占 38%；第三是水产养殖业，占 8%，如图 2-4 所示。

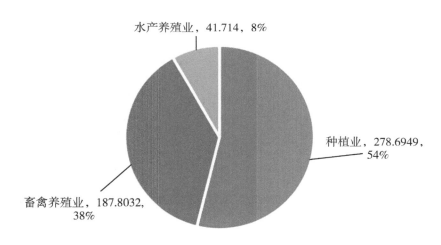

图 2-4 昭通市各专业氨氮排放量（吨）及占比

从各县区分布情况看，镇雄县最多，占 24%；第二是昭阳区，占 18%；第三是巧家县，占 11%；第四是彝良县，占 9%，各州市氨氮排放空间分布如图 2-5 所示。

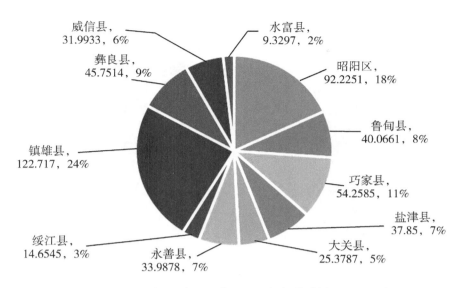

图 2-5　昭通市 11 个县（市、区）氨氮排放量（吨）及占比

2.2.3.3　总氮排放量

昭通市农业污染氮排放总量为 6 017.8202 吨，主要来源于种植业、畜禽养殖业、水产养殖业。其中种植业占比最大，占 68%；第二是畜禽养殖业，占 29%；第三是水产养殖业，占 3%，如图 2-6。从各县（市、区）分布情况看，镇雄县最多，占 24%；第二是昭阳区，占 17%；第三是巧家县，占 11%；第四是彝良县，占 10%，如图 2-7 所示。

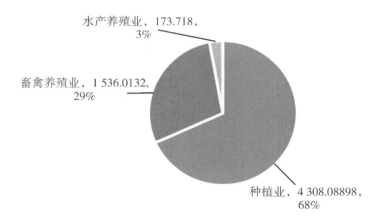

图 2-6　昭通市各专业总氮排放量（吨）及占比

2.2.3.4　总磷排放量

昭通市农业污染磷排放总量为 595.2252 吨，主要来源于种植业、畜禽养殖业、水产养殖业。其中占比最大是种植业，占 55%；第二是畜禽养殖，占 39%；第三是水

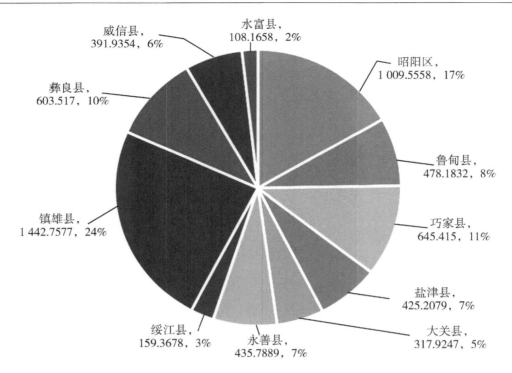

图 2-7　昭通市 11 个县（市、区）总氮排放量（吨）及占比

产养殖业，占 6%，如图 2-8 所示。从各县（市、区）分布情况看，镇雄县最多，占 24%；其次是昭阳区，占 18%；第三是彝良县和巧家县，占 10%；第四是鲁甸县，占 8%，如图 2-9 所示。

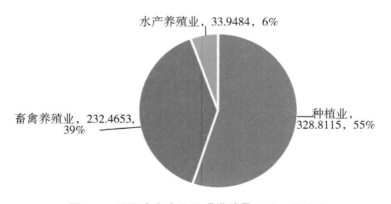

图 2-8　昭通市各专业总磷排放量（吨）及占比

2.2.3.5　氨气排放量

昭通市农业污染氨气排放总量为 26 324.0559 吨，主要来源于种植业、畜禽养殖业。其中畜禽养殖业占比最大，占 68%；其次是种植业，占 32%，如图 2-10 所示。从各县（市、区）分布情况看，镇雄县最多，占 26%；第二是昭阳区，占 17%；第三

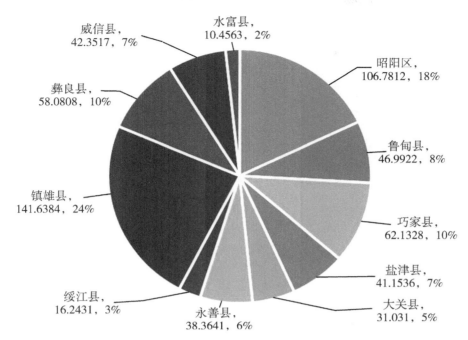

图 2-9　昭通市 11 个县（市、区）总磷排放量（吨）及占比

是巧家县，占 12%；第四是彝良县，占 10%，如图 2-11 所示。

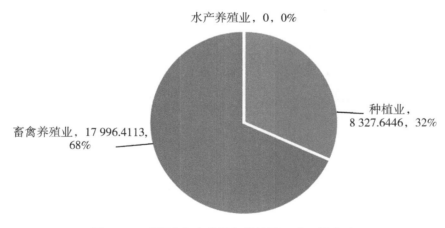

图 2-10　昭通市各专业氨气排放量（吨）及占比

2.2.3.6　化学需氧量排放量

　　昭通市农业污染化学需氧量排放总量为 25 393.5278 吨，主要来源于畜禽养殖业、水产养殖业。其中畜禽养殖业占 98%，水产养殖业占 2%，如图 2-12 所示。

　　从各县（市、区）分布情况看，镇雄县最多，占 35%；第二是彝良县，占 12%；第三是威信县，占 11%；第四是鲁甸县，占 9%，如图 2-13。

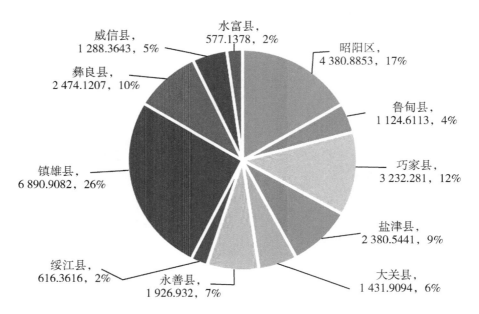

图 2-11 昭通市 11 个县（市、区）氨气排放量（吨）及占比

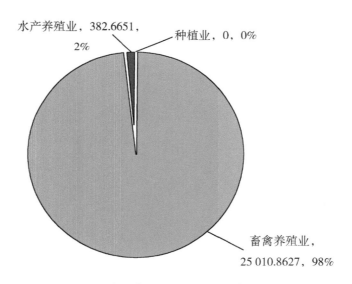

图 2-12 昭通市各专业化学需氧量排放量（吨）及占比

2.2.3.7 挥发性有机物

昭通市农业污染挥发性有机物排放总量为 800.2356 吨，全部来源于种植业。

从各县（市、区）分布情况看，镇雄县最多，占 22%；第二是昭阳区，占 15%；第三是永善县，占 11%；第四是盐津县，占 10%，如图 2-14 所示。

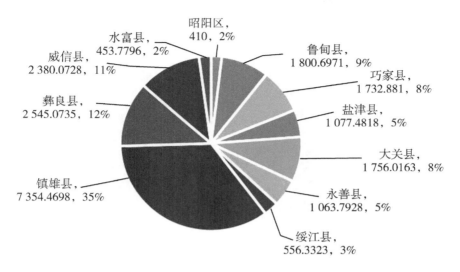

图 2-13 昭通市 11 个县（市、区）化学需氧量排放量（吨）及占比

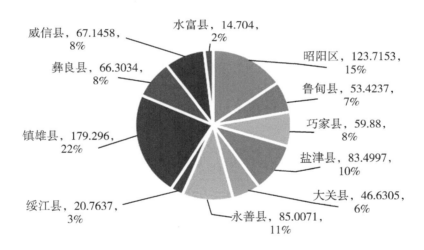

图 2-14 昭通市 11 个县（市、区）挥发性有机物排放量（吨）及占比

2.2.3.8 地膜累积残留量

昭通市农业污染地膜累积残留量为 3 078.2336 吨，全部来源于种植业。从各县（市、区）分布情况看，昭阳区最多，占 25%；第二是镇雄县，占 23%；第三是鲁甸县和彝良县，占比均为 14%；第四是巧家县，占 9%，如图 2-15 所示。

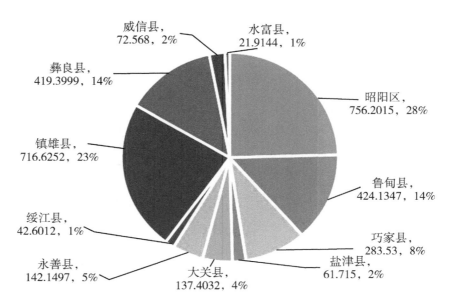

图 2-15 昭通市 11 个县（市、区）地膜累积残留量（吨）及占比

3 种植业普查结果及分析

3.1 昭通市种植业主要普查指标情况

3.1.1 不同坡度耕地与园地面积分布

通过此次普查数据汇总，2017 年昭通市耕地与园地总面积为 6 202 646.85 亩，其中平地（坡度 ≤5°）面积 636 732.89 亩，占总面积 10%，缓坡地（坡度在 5°～15°）面积 1 828 333.13 亩，占总面积 30%，陡坡地（坡度 >15°）面积 3 737 580.83 亩，占总面积 60%（表 3-1 和图 3-1）。

表 3-1 昭通市不同坡度耕地与园地总面积 （亩）

县（市、区）	不同坡度耕地和园地总面积	平地面积（坡度≤5°）	缓坡地面积（坡度5°～15°）	陡坡地面积（坡度>15°）
鲁甸县	517 901	75 291	216 554	226 056
昭阳区	1126 837	366 476	400 937	359 424
盐津县	496 874.5	8 546.24	72 742.43	415 585.83
永善县	521 175	10 423	177 200	333 552
巧家县	758 712.3	33 046.1	253 711.2	471 955
威信县	363 810	5 457	54 572	303 781
绥江县	171 369	378	22 526	148 465
镇雄县	1 213 183	121 319	190 469	901 395
水富县	115 588.05	4 973.55	45 769.5	64 845
彝良县	623 617	7 480	296 157	319 980
大关县	293 580	3 343	97 695	192 542
合计	6 202 646.85	636 732.89	1 828 333.13	3 737 580.83

3.1.2 种植业分布基本情况

耕地面积为 5 495 813 亩，其中旱地 5 083 996 亩，占耕地面积93%，水田 411 817

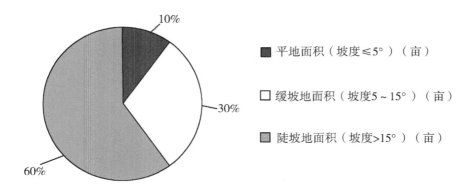

图 3-1　昭通市不同坡度耕地与园地占比情况

亩，占耕地面积7%；菜地面积 1 346 559亩，其中，露地 1 331 054亩，占菜地面积99%，保护地 15 505亩，占菜地面积1%（表3-2、图3-2和图3-3）；园地面积706 833.85亩，其中果园 504 923.05亩，占园地面积71%，茶园 97 852.5亩，占园地面积14%，桑园 32 600亩，占园地面积5%，其他 71 458.3亩，占园地面积10%（表3-3 和图 3-4）；全市农作物播种面积 11 563 782.55亩，其中粮食播种面积7 972 240亩，占播种面积69%，经济作物播种面积 1 707 165.5亩，占播种面积14.8%，蔬菜 1 346 559亩，占播种面积11.6%，瓜果播种面积13 817亩，占播种面积0.1%，果园 524 001.05亩，占播种面积4.5%（表3-4和图3-5）；全市主要粮食作物总产量 4 245 923.46 吨，其中水稻 192 468.65 吨，小麦 61 198.4 吨，玉米1 195 940.03 吨，马铃薯鲜薯 2 796 316.38 吨。（表3-5和图3-6）。

表 3-2　耕地与菜地面积　　　　　　　　　　　　　　　　　　　　（亩）

县（市、区）	耕地面积		菜地面积	
	旱地面积	水田面积	露地面积	保护地面积
鲁甸县	455 490	25 412	91 398	1 149
昭阳区	781 905	56 850	166 745	397
盐津县	328 650	66 390	165 195	2 430
永善县	415 740	47 340	136 200	465
巧家县	631 064	37 415	123 996	744
威信县	312 255	42 720	55 350	195
绥江县	113 640	28 920	41 220	930
镇雄县	1163 367	14 910	286 705	850

（续表）

县（市、区）	耕地面积		菜地面积	
	旱地面积	水田面积	露地面积	保护地面积
水富县	57 800	37 500	36 300	100
彝良县	571 845	30 015	118 370	6 100
大关县	252 240	24 345	109 575	2 145
合计	5 495 813		1 346 559	

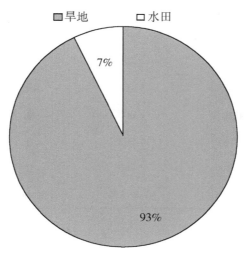

图 3-2　耕地中旱地和水田面积占比情况

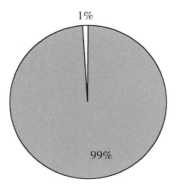

图 3-3　菜地面积占比情况

表 3-3 昭通市园地面积 （亩）

县（市、区）	园地面积			
	果园面积	茶园面积	桑园面积	其他面积
鲁甸县	34 399	0	2 600	0
昭阳区	269 004	0	0	19 078
盐津县	24 552	73 282.5	4 000	0
永善县	56 190	1 905	0	0
巧家县	11 853	0	26 000	52 380.3
威信县	8 220	615	0	0
绥江县	26 577	2 232	0	0
镇雄县	31 445	3 461	0	0
水富县	18 488.05	1 800	0	0
彝良县	15 165	6 592	0	0
大关县	9 030	7 965	0	0
合计	504 923.05	97 852.5	32 600	71 458.3

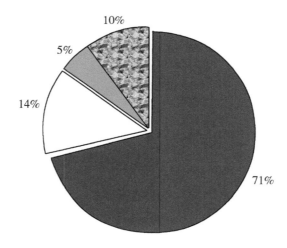

图 3-4 园地面积占比情况

表 3-4　昭通市农作物播种面积　　　　　　　　（亩）

县（市、区）	粮食作物播种面积	经济作物播种面积	蔬菜播种面积	瓜果播种面积	果园播种面积
鲁甸县	601 665	120 003	92 547	2 338	34 399
昭阳区	830 557	281 093	167 142	428	288 082
盐津县	697 365	211 125	167 625	3 735	24 552
永善县	661 425	375 660	136 665	1 620	56 190
巧家县	796 613	168 570	124 740	1 239	11 853
水富县	106 088	21 522	36 400	39	18 488.05
威信县	752 895	85 747.5	55 545	735	8 220
绥江县	147 585	25 095	42 150	75	26 577
镇雄县	2 179 502	190 635	287 555	1 343	31 445
彝良县	672 045	203 130	124 470	1 785	15 165
大关县	526 500	24 585	111 720	480	9 030
合计	7 972 240	1 707 165.5	1 346 559	13 817	524 001.1

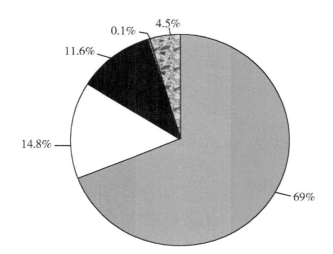

图 3-5　昭通市农作物播种面积占比情况

表 3-5　昭通市主要粮食作物产量　　　　　　　　　　　　　　　　（吨）

县（市、区）	水稻	小麦产量	玉米产量	马铃薯鲜薯产量
鲁甸县	11 197.6	2 957.4	89 315.5	315 963.3
昭阳区	31 360	240	168 186	573 743
盐津县	27 975	1 485	96 603	79 181
永善县	37 461	4 268	84 106	62 832
巧家县	9 697	10 309	97 006	505 730
威信县	22 532	869	133 373	194 350
绥江县	8 273	303	24 202	11 383
镇雄县	4 122	31 777	302 704.47	760 905
水富县	12 266.05	0	13 369.06	3 027.08
彝良县	14 365	5 980	130 805	267 445
大关县	13 220	3 010	56 270	21 757
合计	192 468.65	61 198.4	1 195 940.03	2 796 316.38

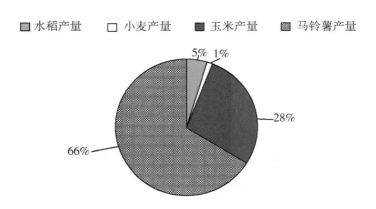

图 3-6　昭通市主要粮食作物产量占比情况

3.1.3　化肥和农药施用情况

2017 年昭通市化肥施用量 463 743.15 吨，其中氮肥施用折纯量 89 564.4 吨，含氮复合肥施用折纯量 21 391.5 吨；农药使用量 1 428.08 吨（表 3-6、图 3-7、图 3-8）。全市以播种面积计算，亩均化肥施用量 40.1 千克/亩，亩均氮肥施用折纯量 7.75 千克/亩，亩均含氮复合肥施用折纯量 1.85 千克/亩，亩均农药使用量 0.12 千克/亩，全市以耕地与园地面积计算农药用量 0.23 千克/亩（表 3-7，图 3-9 至图 3-11）。

表 3-6　昭通市化肥、农药施用量　　　　　　　　　　　　（吨）

县（区、市）	化肥施用量	氮肥施用折纯量	含氮复合肥施用折纯量	用于种植业的农药使用量
鲁甸县	34 509.4	6 196	2 947	84.3
昭阳区	91 655	19 841	747	330.23
盐津县	18 308.55	5 611	49	165.15
永善县	46 385	7 058	2 314	203
巧家县	46 307	7 455	818	120
威信县	45 834	8 252	1 998	100
绥江县	11 104	2 771.1	865.2	33
镇雄县	93 015	17 884	5 903	123.8
水富县	4 283.2	724.3	239.3	30.4
彝良县	40 009	7 938	2 760	175.2
大关县	32 333	5 834	2 751	63
合计	463 743.15	89 564.4	2 1391.5	1 428.08

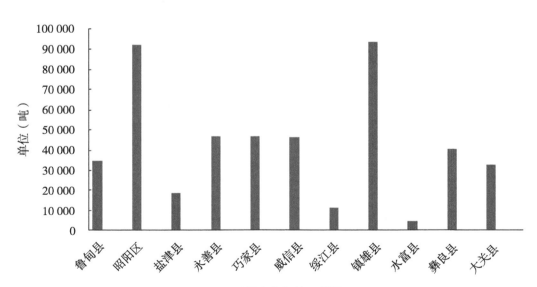

图 3-7　昭通市化肥施用量情况

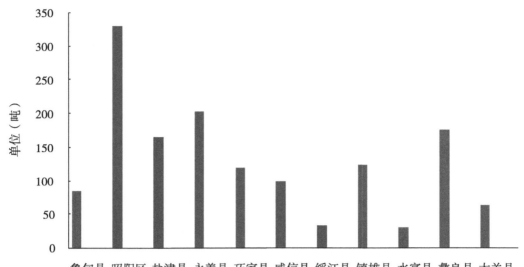

图 3-8 昭通市农药使用量情况

表 3-7 昭通市化肥、农药亩均播种面积及耕园面积使用量 （千克/亩）

行政区划 名称	亩均化肥 施用量	亩均氮肥 施用折纯量	亩均含氮复合 肥施用折纯量	亩均农药 使用量	亩均（耕园面积） 农药使用量
昭阳区	58.48	12.66	0.48	0.21	0.16
鲁甸县	40.55	7.28	3.46	0.10	0.29
巧家县	41.98	6.76	0.74	0.11	0.33
盐津县	16.58	5.08	0.04	0.15	0.39
大关县	48.09	8.68	4.09	0.09	0.16
永善县	37.66	5.73	1.88	0.16	0.27
绥江县	45.98	11.48	3.58	0.14	0.19
镇雄县	34.57	6.65	2.19	0.05	0.10
彝良县	39.36	7.81	2.71	0.17	0.26
威信县	50.75	9.14	2.21	0.11	0.28
水富县	23.46	3.97	1.31	0.17	0.21
全市平均值	40.10	7.75	1.85	0.12	0.23

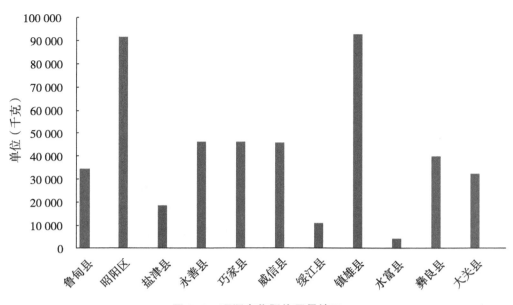

图 3-9　昭通市化肥施用量情况

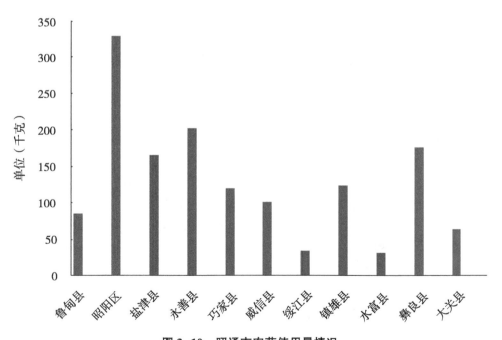

图 3-10　昭通市农药使用量情况

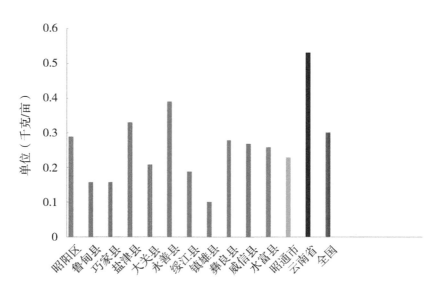

图 3-11　昭通市农药亩均（耕园面积）用量情况

3.2　与行业数据有差异的原因分析

3.2.1　耕地与园地面积

　　昭通市第二次农业污染源普查中实际填报的耕地面积 5 495 813 亩，比《第二次全国土地调查》数据 9 233 242.35 亩少 3 737 429.35 亩；实际填报园地面积 706 833.85 亩，比《第二次全国土地调查》数据 549 126.45 亩多 157 707.4 亩（表 3-8），昭通市种植业组及时分析了数据差异产生的主要原因为：一是数据来源不一致。据统计，各县（区、市）耕地与园地面积主要来源三个部门：自然资源部门（原国土部门）、统计局、农业部门，这三个部门统计数据关系：自然资源部门>统计局>农业部门。二是统计标准不一致。第二次全国农业污染源普查（以下简称"二污普"）中统计指标是根据国标《土地利用现状分类》（GB/T 21010—2017）设置，而实际自然资源、统计、农业三个部门在统计指标设置上与国标 GB/T 21010—2017 并不完全吻合。三是可能还存在产业结构调整、退耕还林等因素，但我们认为，这次农业污染源普查是严格按照国家下发的普查制度填报，数据来源符合要求，数据填报规范，汇总数据与相关数据的差异原因客观存在，差异原因分析实事求是，普查数据符合普查要求，可作为此次普查数据使用。

表 3-8 昭通市 2017 年度耕地与园地面积实际填报情况与全国第二次土地调查统计数据比对

| 行政区域名称 | 统计数据 | | | | 实际填报数据 | | | | 耕地差异值(亩) | 其中 | | 园地差异值(亩) |
| | 耕地(亩) | 其中 | | 园地(亩) | 耕地(亩) | 其中 | | 园地(亩) | | 水田(亩) | 旱地(亩) | |
		水田(亩)	旱地(亩)			水田(亩)	旱地(亩)					
昭阳区	1 117 977	97 324.05	1 020 652.95	169 286.1	838 755	56 850	781 905	288 082	279 222	40 474.05	238 747.95	-118 795.9
鲁甸县	731 973.3	42 706.95	689 266.35	60 087.9	480 902	25 412	455 490	36 999	251 071.3	17 294.95	233 776.4	23 088.9
盐津县	654 480.6	66 517.2	587 963.4	12 054	395 040	66 390	328 650	101 834.5	259 440.6	127.2	259 313.4	-89 780.5
大关县	499 741.35	23 286.45	476 454.9	397.5	276 585	24 345	252 240	16 995	223 156.35	-1 058.55	224 214.9	-16 597.5
永善县	849 506.7	67 350	782 156.7	157 914.6	463 080	415 740	47 340	58 095	386 426.7	-348 390	734 816.7	99 819.6
镇雄县	2 098 637.55	9 977.55	2 088 660	19 230.15	1 178 277	14 910	1 163 367	34 906	920 360.55	-4 932.45	925 293	-15 675.85
彝良县	1 159 662.3	25 417.95	1 134 244.35	33 726.45	601 860	30 015	571 845	21 757	557 802.3	-4 597.05	562 399.35	11 969.45
巧家县	1 126 442.1	47 787.6	1 078 654.5	69 889.5	668 479	37 415	631 064	90 233.3	457 963.1	10 372.6	447 590.5	-20 343.8
威信县	675 382.05	30 436.95	644 945.1	14 447.1	354 975	42 720	312 255	8 835	320 407.05	-12 283.05	332 690.1	5 612.1
水富县	115 588.05	33 425.7	82 162.35	5 114.85	95 300	37 500	57 800	20 288.05	20 288.05	-4 074.3	24 362.35	-15 173.2
绥江县	203 851.35	41 542.5	162 308.85	6 978.3	142 560	28 920	113 640	28 809	61 291.35	12 622.5	48 668.85	-21 830.7
合计	9 233 242.35	485 772.9	8 747 469.45	549 126.45	5 495 813	780 217	4 715 596	706 833.85	3 737 429.35	-294 444.1	4 031 873.5	-157 707.4

3.2.2　农药使用量

本次普查中，2017 年昭通市农药使用量为 1 428.08 吨，与 2017 年统计年鉴数据 1 500 吨相比减少了 71.92 吨。其原因为数据来源不一致，有的县（市、区）上报数据来源于县（市、区）统计部门，有的县（市、区）认为统计数据来源不清楚，不符合实情，采用农业部门数据核算结果更与实际相符。

按播种面积统计昭通市农药使用量亩均 0.12 千克/亩，低于全国平均水平，主要原因：一是大面积推广生物多样性间作技术，大大减少了农药的施用量；二是推广应用抗病品种，减少了杀菌剂用量；三是指导培训农民科学使用农药，采取绿色防控和统防统治措施，减少了农药施用量和施用次数；四是种植业集约化，单一性种植经营程度不高，能较好地发挥生物多样性对病虫杂草的控制作用；五是昭通市地处云南省东北部，境内群山林立，海拔差异较大，生物多样性资源丰富，属南温带季风气候，全市年平均气温在 11~21℃，除江边河谷区外，大面积气候温和，复种指数不高，农民对红薯、豆类基本不用药，有少数作物荞子、燕麦生长在高寒冷凉山区，病虫害偏少，整个生育期也很少用药，这类作物农药施用量几乎为零。如巧家县的二半山、高二半山的大春马铃薯、玉米及果园，大部分农户不使用农药。由于以上多种因素的叠加，农药施用量就大大减少了。核算结果与实际相符，可作为这次普查数据使用。

3.2.3　作物产量

本次普查上报的作物产量中薯类和马铃薯产量均为鲜产，而 2017 年统计年鉴（向社会公布）数据中薯类和马铃薯是以折粮统计，因此上报数据与统计数据存在一定差异。

3.2.4　其他

化肥施用量等数据与相关行业数据基本相近，处于全省偏低水平。

3.3　种植业主要污染物产排情况

昭通市种植业涉水污染物产排的有总氮、总磷、氨氮。总氮的产生量包括氮肥施用折纯量 89 564.4 吨和含氮复合肥施用折纯量 21 391.5 吨，共计 110 955.9 吨，占化肥施用量 463 743.15 吨的 24%。排放量分别为总氮 4 108.0889 吨，总磷 328.8115 吨，氨氮 273.6948 吨；涉气污染物排放量分别为氨气 8 327.6446 吨，挥发性有机物 800.2356 吨（表3-9）。

表 3-9 昭通市主要污染物排放情况 （吨）

行政区划名称	氨氮排放量	总氮排放量	总磷排放量	氨气	挥发性有机物
昭阳区	44.2934	664.0872	54.1468	1 186.2603	123.7153
鲁甸县	23.6013	354.3521	28.2254	421.6272	53.4237
巧家县	33.3503	500.5614	40.0884	1 122.4	59.88
盐津县	20.3876	305.8017	24.7576	1 000.3151	83.4997
大关县	13.514	202.9188	16.1392	462.9345	46.6305
永善县	23.0412	345.8483	27.6737	883.7659	85.0071
绥江县	7.2462	108.7204	8.7597	256.2372	20.7637
镇雄县	57.046	856.7284	67.9297	1 332.6095	179.296
彝良县	29.1939	438.423	34.7847	903.9824	66.3034
威信县	17.1625	257.757	20.4279	562.1475	67.1458
水富县	4.8584	72.8906	5.8784	195.365	14.5704
合计	273.6948	4108.0889	328.8115	8 327.6446	800.2356

3.3.1 氨氮排放情况

昭通市种植业污染物氨氮排放量为 273.6948 吨，氨氮排放量居前三位的县（市、区）是镇雄县 57.046 吨，占比为 21%，昭阳区 44.2934 吨，占比为 16%，巧家县 33.3503 吨，占比为 12%。氨氮排放量较少的县（市）是水富县（市）4.8584 吨，占比为 2%，绥江县 7.2462 吨，占比为 3%（图 3-12）。

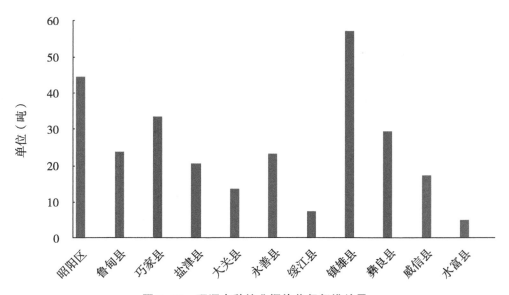

图 3-12 昭通市种植业污染物氨氮排放量

3.3.2 总氮产排情况

昭通市种植业污染物总氮排放量为 51 195.5459 吨，总氮排放量居于前三位的县（市、区）是镇雄县 856.7284 吨，占比为 21%，昭阳区 664.0872 吨，占比为 16%，巧家县 500.5614 吨，占比为 12%。总氮排放量较少的县（市）是水富县（市）72.8906 吨，占比为 2%，绥江县 108.7204 吨，占比为 3%（图 3-13）。

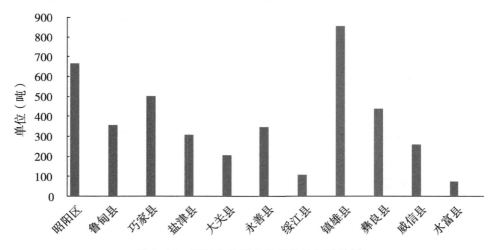

图 3-13　昭通市种植业污染物总氮排放量

3.3.3 总磷排放情况

昭通市种植业污染物总磷排放量为 328.8115 吨，总磷排放量居于前三位的县（市、区）是镇雄县 67.9297 吨，占比为 21%，昭阳区 54.1468 吨，占比为 16%，巧家县 40.0884 吨，占比为 12%。总磷排放量较少的县（市）是水富县（市）5.8784 吨，占比为 2%，绥江县 8.7597 吨，占比为 3%（图 3-14）。

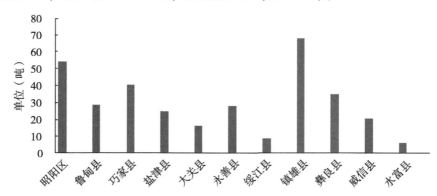

图 3-14　昭通市种植业污染物总磷排放量

3.3.4 种植业氨气排放情况

昭通市种植业污染物氨气排放量为 8 327.6446 吨，氨气排放量居于前三位的县（市、区）是镇雄县 1 332.61 吨，占比为 16%，昭阳区 1 186.26 吨，占比为 14%，巧家县 1 122.4 吨，占比为 13%。氨气排放量较少的县（市）是水富县（市）195.365 吨，占比为 2%，绥江县 256.2372 吨，占比为 3%（图 3-15）。

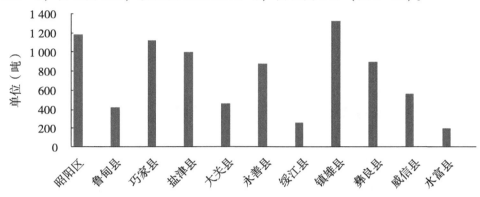

图 3-15 昭通市种植业污染物氨气排放量

3.3.5 挥发性有机物排放情况

昭通市种植业污染物挥发性有机物排放量为 800.2356 吨，挥发性有机物排放量居于前三位的县（市、区）是镇雄县 179.296 吨，占比为 22%，昭阳区 123.7153 吨，占比为 15%，永善县 85.0071 吨，占比为 11%。挥发性有机物排放量较少的县（市）是水富县（市）14.5704 吨，占比为 2%，绥江县 20.7637 吨，占比为 3%（图 3-16）。

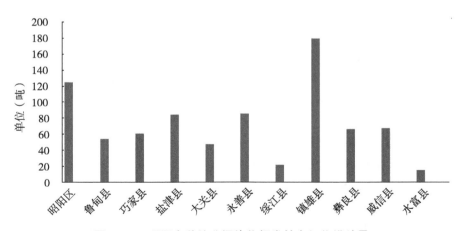

图 3-16 昭通市种植业污染物挥发性有机物排放量

4 畜禽养殖业普查结果及分析

4.1 畜禽养殖业主要污染物产排情况

4.1.1 畜禽养殖业污染源主要污染物产排情况（表 4-1 至表 4-4）

4.1.2 重点流域主要水污染物产排情况

昭通市地处云南省东北部，地处云、贵、川三省腹心地带。境内重点流域主要有金沙江和牛栏江。

昭通境内金沙江下段水系包括金沙江沿岸及支流横江、牛栏江、以礼河；金沙江在昭通境内沿岸有巧家、昭阳、永善、绥江、水富5个县（市、区）；即5个县（市、区）的畜禽养殖业污染源主要污染物产排情况均直接或间接对金沙江流域（昭通段）产生影响，金沙江流域（昭通段）主要水污染物产排情况包含以上5个县（市、区）（表4-5至表4-10）。

牛栏江是金沙江右岸一级支流，在昭通境内流经巧家、鲁甸、昭阳3个县（区）。即3个县（区）的畜禽养殖业污染源主要污染物产排情况均直接或间接对牛栏江流域（昭通段）产生影响，牛栏江流域（昭通段）主要水污染物产排情况包含以上3个县（区）的情况。

全市规模以上畜禽养殖业污染物产排情况：化学需氧量产生量 28 989.5343 吨，化学需氧量排放量 4 192.2198 吨；氨氮产生量 95.6037 吨，氨氮排放量 14.8149 吨；总氮产生量 1 106.855 吨，总氮排放量 170.9566 吨；总磷产生量 266.0749 吨，总磷排放量 36.4762 吨；粪便产生量 9.789701 万吨，粪便利用量 8.492836 万吨；尿液产生量 4.911853 万吨，尿液利用量 3.885217 万吨。

全市规模以下畜禽养殖业污染物产排情况：化学需氧量产生量 579 643.8261 吨，化学需氧量排放量 20 818.6429 吨；氨氮产生量 3 086.1356 吨，氨氮排放量 177.9884 吨；总氮产生量 32 610.8361 吨，总氮排放量 1 565.0567 吨；总磷产生量 4 512.0158 吨，总磷排放量 195.9891 吨；粪便产生量 188.4043 万吨，粪便利用量 146.6183 万吨；尿液产生量 261.0855 万吨，尿液利用量 212.3224 万吨。

表 4-1　昭通市规模化畜禽养殖业污染源主要污染物产排情况

行政区划名称	规模畜禽养殖场数（个）	化学需氧量产生量（吨）	化学需氧量排放量（吨）	氨氮产生量（吨）	氨氮排放量（吨）	总氮产生量（吨）	总氮排放量（吨）	总磷产生量（吨）	总磷排放量（吨）	氨气排放量（吨）	粪便产生量（万吨/年）	尿液产生量（万吨/年）	粪便利用量（万吨/年）	尿液利用量（万吨/年）	数据生成时间
昭通市	237	28 989.5343	4 192.2198	95.6037	14.8149	1 106.855	170.9566	266.0749	36.4762	468.6258	9.789701	4.911853	8.492836	3.885217	2020-01-06 02：12：21.0
昭阳区	28	5 833.4595	123.4944	18.6549	0.9164	227.0413	9.9828	62.4095	1.4363	102.9026	2.021133	0.580473	2.018359	0.475157	2020-01-06 02：12：20.0
鲁甸县	34	6 066.1059	268.2881	19.6512	1.3911	228.5653	14.7922	56.1784	2.5566	88.5812	2.083737	0.909378	2.016306	0.790446	2020-01-06 02：12：24.0
巧家县	8	401.2981	54.2386	2.6544	0.6871	24.3679	5.6486	5.6877	0.7952	13.6112	0.127639	0.132129	0.114875	0.081902	2020-01-06 02：12：29.0
盐津县	18	729.106	117.4363	2.6535	0.4208	30.8091	4.7378	8.128	1.0891	12.2062	0.242954	0.109374	0.203976	0.087116	2020-01-06 02：12：19.0
大关县	10	2 146.3186	661.0657	5.7691	1.856	70.3585	22.7105	14.8598	4.4085	32.0055	0.723265	0.402016	0.51168	0.247459	2020-01-06 02：12：20.0
永善县	23	2 094.0566	255.9166	5.9032	0.7318	69.0056	8.6941	13.0578	1.6127	35.2308	0.693698	0.480439	0.608773	0.422895	2020-01-06 02：12：23.0
绥江县	13	783.3667	157.8755	3.4972	0.8204	35.0791	7.9558	7.2289	1.5725	16.6264	0.250841	0.23266	0.202049	0.177122	2020-01-06 02：12：28.0
镇雄县	41	4 842.383	687.7045	18.4229	2.7058	195.5254	28.2759	42.7181	5.9549	81.5631	1.620658	1.092389	1.395977	0.921968	2020-01-06 02：12：29.0
彝良县	16	1 756.3219	676.9389	4.4777	1.7399	63.7822	24.982	17.9595	6.9829	22.6241	0.575013	0.182399	0.357266	0.107431	2020-01-06 02：12：19.0
威信县	33	3 670.3097	1 094.1142	9.7297	2.889	125.1169	37.4221	30.2886	9.0089	47.4699	1.236498	0.53943	0.878954	0.365275	2020-01-06 02：12：23.0
水富县	13	666.8083	95.147	4.1899	0.6566	37.2037	5.7548	7.5586	1.0586	15.8048	0.214267	0.251166	0.184622	0.208445	2020-01-06 02：12：24.0

表 4-2 昭通市规模以下畜禽养殖业污染源主要污染物产排情况

行政区划名称	化学需氧量产生量（吨）	化学需氧量排放量（吨）	氨氮产生量（吨）	氨氮排放量（吨）	总氮产生量（吨）	总氮排放量（吨）	总磷产生量（吨）	总磷排放量（吨）	氨气排放量（吨）	粪便产生量（万吨/年）	尿液产生量（万吨/年）	粪便利用量（万吨/年）	尿液利用量（万吨/年）	数据生成时间
昭通市	579 643.8261	20 818.6429	3 086.1356	177.9884	32 610.8361	1 565.0567	4 512.0158	195.9891	17 527.7855	188.4043	261.0855	146.6183	212.3224	2020-01-06 02:31:01.0
昭阳区	90 752.0532	4 514.1698	530.8485	43.3551	5 388.0897	321.995	747.9604	48.705	3 091.7226	29.0303	45.0014	25.8381	39.923	2020-01-06 02:31:01.0
鲁甸县	27 248.0636	1 482.2814	126.6117	9.5715	1 434.403	88.4782	193.8226	12.1004	614.4029	8.9988	11.0265	7.649	9.3725	2020-01-06 02:31:01.0
巧家县	36 453.5812	1 646.6891	225.1777	15.9749	2 208.5763	122.5145	311.4456	17.3049	2 096.2698	11.621	18.3932	10.248	16.1048	2020-01-06 02:31:02.0
盐津县	30 256.2933	913.4236	251.3492	11.2893	2 127.3077	92.1618	332.4372	10.3161	1 368.0228	9.3273	18.0116	7.9282	15.3099	2020-01-06 02:31:01.0
大关县	34 285.1978	1 079.6028	172.8601	8.4906	1 848.73	81.0979	250.166	9.2574	936.9694	11.2716	14.2616	9.9997	12.6398	2020-01-06 02:31:01.0
永善县	30 030.7885	782.1935	176.5822	7.7458	1 786.1683	72.3749	254.8745	7.5927	1007.9353	9.6287	14.7098	7.1252	10.8852	2020-01-06 02:31:01.0
绥江县	9 460.5415	356.4937	57.3043	3.1168	564.9178	27.2976	83.6595	3.4035	343.498	3.0457	4.5208	2.6668	3.6421	2020-01-06 02:31:01.0
镇雄县	224 686.073	6 613.0648	1 120.3852	56.3215	12 259.9228	526.2467	1 668.6976	60.5187	5 476.7356	73.528	96.8641	54.755	82.3691	2020-01-06 02:31:01.0
彝良县	58 481.825	1 838.849	235.1581	11.8963	2 935.1493	128.5353	380.6695	14.2526	1 547.5142	19.4533	22.5202	12.3442	13.4072	2020-01-06 02:31:01.0
威信县	28 965.2735	1 240.8708	125	6.8187	1 473.0397	75.8748	197.9286	8.8721	678.7469	9.6466	11.0181	5.719	4.8268	2020-01-06 02:31:01.0
水富县	9 024.1355	351.0044	64.8586	3.4079	584.5315	28.48	90.3543	3.6657	365.968	2.853	4.7582	2.3451	3.842	2020-01-06 02:31:01.0

表 4-3　昭通市畜禽养殖业污染源主要污染物产排总量情况

规模类型	化学需氧量产生量（吨）	化学需氧量排放量（吨）	氨氮产生量（吨）	氨氮排放量（吨）	总氮产生量（吨）	总氮排放量（吨）	总磷产生量（吨）	总磷排放量（吨）	氨气排放量（吨）	粪便产生量（万吨/年）	粪便利用量（万吨/年）	尿液产生量（万吨/年）	尿液利用量（万吨/年）
规上	28 989.5343	4 192.2198	95.6037	14.8149	1 106.855	170.9566	266.0749	36.4762	468.6258	9.789701	8.492836	4.911853	3.885217
规下	579 643.8261	20 818.6429	3 086.1356	177.9884	32 610.8361	1 565.0567	4 512.0158	195.9891	17 527.7855	188.4043	146.6183	261.0855	212.3224
合计	608 633.3604	25 010.8627	3 181.7393	192.8033	33 717.6911	1 736.0133	4 778.0907	232.4653	17 996.4113	198.194001	155.111136	265.997353	216.207617

表 4-4　昭通市畜禽养殖业污染源规上规下主要污染物产排量所占产排总量比例情况

规模类型	化学需氧量产生量（吨）占总量比	化学需氧量排放量（吨）占总量比	氨氮产生量（吨）占总量比	氨氮排放量（吨）占总量比	总氮产生量（吨）占总量比	总氮排放量（吨）占总量比	总磷产生量（吨）占总量比	总磷排放量（吨）占总量比	氨气排放量（吨）占总量比	粪便产生量（万吨/年）占总量比	粪便利用量（万吨/年）占总量比	尿液产生量（万吨/年）占总量比	尿液利用量（万吨/年）占总量比
规上	4.76	16.76	3.00	7.68	3.28	9.85	5.57	15.69	2.60	4.94	5.48	1.85	1.80
规下	95.24	83.24	97.00	92.32	96.72	90.15	94.43	84.31	97.40	95.06	94.52	98.15	98.20

表 4-5　金沙江流域（昭通段）规模化畜禽养殖业污染源主要水污染物产排情况

行政区划名称	规模畜禽养殖场数（个）	化学需氧量产生量（吨）	化学需氧量排放量（吨）	氨氮产生量（吨）	氨氮排放量（吨）	总氮产生量（吨）	总氮排放量（吨）	总磷产生量（吨）	总磷排放量（吨）	氨气排放量（吨）	粪便产生量（万吨/年）	粪便利用量（万吨/年）	尿液产生量（万吨/年）	尿液利用量（万吨/年）	数据生成时间
昭阳区	28	5 833.4595	123.4944	18.6549	0.9164	227.0413	9.9828	62.4095	1.4363	102.9026	2.021133	2.018359	0.580473	0.475157	12: 20.0
巧家县	8	401.2981	54.2386	2.6544	0.6871	24.3679	5.6486	5.6877	0.7952	13.6112	0.127639	0.114875	0.132129	0.081902	12: 29.0
永善县	23	2 094.0566	255.9166	5.9032	0.7318	69.0056	8.6941	13.1078	1.6127	35.2308	0.693698	0.608773	0.480439	0.422895	12: 23.0
绥江县	13	783.3667	157.8755	3.4972	0.8204	35.0791	7.9558	7.2289	1.5725	16.6264	0.250841	0.202049	0.23266	0.177122	12: 28.0

（续表）

行政区划名称	规模畜禽养殖场数（个）	化学需氧量产生量（吨）	化学需氧量排放量（吨）	氨氮产生量（吨）	氨氮排放量（吨）	总氮产生量（吨）	总氮排放量（吨）	总磷产生量（吨）	总磷排放量（吨）	氨气排放量（吨）	粪便产生量（万吨/年）	尿液产生量（万吨/年）	粪便利用量（万吨/年）	尿液利用量（万吨/年）	数据生成时间
水富县（市）	13	666.8083	95.147	4.1899	0.6566	37.2037	5.7548	7.5586	1.0586	15.8048	0.214267	0.251166	0.184622	0.208445	12：24.0
合计	85	9 778.9892	686.6721	34.8996	3.8123	392.6976	38.0361	95.9425	6.4753	184.1758	3.307578	1.676867	3.128678	1.365521	02：04.0

表4-6 金沙江流域（昭通段）规模以下畜禽养殖污染源主要水污染物产排情况

行政区划名称	化学需氧量产生量（吨）	化学需氧量排放量（吨）	氨氮产生量（吨）	氨氮排放量（吨）	总氮产生量（吨）	总氮排放量（吨）	总磷产生量（吨）	总磷排放量（吨）	氨气排放量（吨）	粪便产生量（万吨/年）	尿液产生量（万吨/年）	粪便利用量（万吨/年）	尿液利用量（万吨/年）
昭阳区	90 752.0532	4 514.1698	530.8485	43.3551	5 388.0897	321.995	747.9604	48.705	3091.7226	29.0303	45.0014	25.8381	39.923
巧家县	36 453.5812	1 646.6891	225.1777	15.9749	2 208.5763	122.5145	311.4456	17.3049	2 096.2698	11.621	18.3932	10.248	16.1048
永善县	30 030.7885	782.1935	176.5822	7.7458	1 786.1683	72.3749	254.8745	7.5927	1 007.9353	9.6287	14.7098	7.1252	10.8852
绥江县	9 460.5415	356.4937	57.3043	3.1168	564.9178	27.2976	83.6595	3.4035	343.498	3.0457	4.5208	2.6668	3.6421
水富县（市）	9 024.1355	351.0044	64.8586	3.4079	584.5315	28.48	90.3543	3.6657	365.968	2.853	4.7582	2.3451	3.842
合计	84 969.0467	3 136.3807	523.9228	30.2454	5 144.1939	250.667	740.3339	31.9668	3 813.6711	27.1484	42.382	22.3851	34.4741

表4-7 金沙江流域（昭通段）畜禽养殖业污染源主要污染物产排总量情况

规模类型	化学需氧量产生量（吨）	化学需氧量排放量（吨）	氨氮产生量（吨）	氨氮排放量（吨）	总氮产生量（吨）	总氮排放量（吨）	总磷产生量（吨）	总磷排放量（吨）	氨气排放量（吨）	粪便产生量（万吨/年）	尿液产生量（万吨/年）	粪便利用量（万吨/年）	尿液利用量（万吨/年）
规上	9 778.9892	686.6721	34.8996	3.8123	392.6976	38.0361	95.9425	6.4753	184.1758	3.307578	1.676867	3.128678	1.365521

（续表）

规模类型	化学需氧量产生量（吨）	化学需氧量排放量（吨）	氨氮产生量（吨）	氨氮排放量（吨）	总氮产生量（吨）	总氮排放量（吨）	总磷产生量（吨）	总磷排放量（吨）	氨气排放量（吨）	粪便产生量（万吨/年）	尿液产生量（万吨/年）	粪便利用量（万吨/年）	尿液利用量（万吨/年）
规下	175 721.0999	7 650.5505	1 054.771	73.6005	10 532.2836	572.662	1 488.2943	80.6718	6 905.3937	56.1787	87.3834	48.2232	74.3971
合计	185 500.0891	8 337.2226	1 089.671	77.4128	10 924.9812	610.6981	1 584.2368	87.1471	7 089.5695	59.48628	89.060267	51.35188	75.76262

表 4-8　牛栏江流域（昭通段）规模化畜禽养殖业主要污染源产排情况

行政区划名称	规模畜禽养殖场数（个）	化学需氧量产生量（吨）	化学需氧量排放量（吨）	氨氮产生量（吨）	氨氮排放量（吨）	总氮产生量（吨）	总氮排放量（吨）	总磷产生量（吨）	总磷排放量（吨）	氨气排放量（吨）	粪便产生量（万吨/年）	尿液产生量（万吨/年）	粪便利用量（万吨/年）	尿液利用量（万吨/年）
昭阳区	28	5 833.4595	123.4944	18.6549	0.9164	227.0413	9.9828	62.4095	1.4363	102.9026	2.021133	0.580473	2.018359	0.475157
鲁甸县	34	6 066.1059	268.2881	19.6512	1.3911	228.5653	14.7922	56.1784	2.5566	88.5812	2.083737	0.909378	2.016306	0.790446
巧家县	8	401.2981	54.2386	2.6544	0.6871	24.3679	5.6486	5.6877	0.7952	13.6112	0.127639	0.132129	0.114875	0.081902
合计	70	12 300.864	446.0211	40.9605	2.9946	479.9745	30.4236	124.2756	4.7881	205.095	4.232509	1.62198	4.14954	1.347505

表 4-9　牛栏江流域（昭通段）规模以下畜禽养殖业污染源主要污染物产排情况

行政区划名称	化学需氧量产生量（吨）	化学需氧量排放量（吨）	氨氮产生量（吨）	氨氮排放量（吨）	总氮产生量（吨）	总氮排放量（吨）	总磷产生量（吨）	总磷排放量（吨）	氨气排放量（吨）	粪便产生量（万吨/年）	尿液产生量（万吨/年）	粪便利用量（万吨/年）	尿液利用量（万吨/年）
昭阳区	90 752.0532	4 514.1698	530.8485	43.3551	5 388.0897	321.995	747.9604	48.705	3 091.7226	29.0303	45.0014	25.8381	39.923
鲁甸县	27 248.0636	1 482.2814	126.6117	9.5715	1 434.403	88.4782	193.8226	12.1004	614.4029	8.9988	11.0265	7.649	9.3725

（续表）

行政区划名称	化学需氧量产生量（吨）	化学需氧量排放量（吨）	氨氮产生量（吨）	氨氮排放量（吨）	总氮产生量（吨）	总氮排放量（吨）	总磷产生量（吨）	总磷排放量（吨）	氨气排放量（吨）	粪便产生量（万吨/年）	尿液产生量（万吨/年）	粪便利用量（万吨/年）	尿液利用量（万吨/年）
巧家县	36 453.5812	1 646.6891	225.1777	15.9749	2 208.5763	122.5145	311.4456	17.3049	2 096.2698	11.621	18.3932	10.248	16.1048
合计	154 453.698	7 643.1403	882.6379	68.9015	9 031.069	532.9877	1 253.2286	78.1103	5 802.3953	49.6501	74.4211	43.7351	65.4003

表4-10 牛栏江流域（昭通段）畜禽养殖业主要污染源产排总量情况

规模类型	化学需氧量产生量（吨）	化学需氧量排放量（吨）	氨氮产生量（吨）	氨氮排放量（吨）	总氮产生量（吨）	总氮排放量（吨）	总磷产生量（吨）	总磷排放量（吨）	氨气排放量（吨）	粪便产生量（万吨/年）	尿液产生量（万吨/年）	粪便利用量（万吨/年）	尿液利用量（万吨/年）
规上	12 300.864	446.0211	40.9605	2.9946	479.9745	30.4236	124.2756	4.7881	205.095	4.232509	1.62198	4.14954	1.347505
规下	154 453.698	7 643.1403	882.6379	68.9015	9 031.069	532.9877	1 253.2286	78.1103	5 802.3953	49.6501	74.4211	43.7351	65.4003
合计	166 754.562	8 089.1614	923.5984	71.8961	9 511.0435	563.4113	1 377.5042	82.8984	6 007.4903	53.882609	76.04308	47.88464	66.747805

　　全市畜禽养殖业污染物产排总量情况：化学需氧量产生量 608 633.3604 吨，化学需氧量排放量 25 010.8627 吨；氨氮产生量 3 181.7393 吨，氨氮排放量 192.8033 吨；总氮产生量 33 717.6911 吨，总氮排放量 1 736.0133 吨；总磷产生量 4 778.0907 吨，总磷排放量 232.4653 吨；粪便产生量 198.194001 万吨，粪便利用量 155.111136 万吨；尿液产生量 265.997353 万吨，尿液利用量 216.207617 万吨。

　　规模以上畜禽养殖业污染物产排量占全市畜禽养殖业污染物产排量的比重：化学需氧量产生量占 4.76%，化学需氧量排放量占 16.76%；氨氮产生量占 3.00%，氨氮排放量占 7.68%；总氮产生量占 3.28%，总氮排放量占 9.85%；总磷产生量占 5.57 吨/年%，总磷排放量占 15.69%；粪便产生量占 4.96%，粪便利用量占 5.48%；尿液产生量占 1.85%，尿液利用量占 1.80%。

　　规模以下畜禽养殖业污染物产排量占全市畜禽养殖业污染物产排量的比重：化学需氧量产生量占 95.24%，化学需氧量排放量占 83.24%；氨氮产生量占 97.00%，氨氮排放量占 92.32%；总氮产生量占 96.72%，总氮排放量占 90.15%；总磷产生量占 94.43 吨/年%，总磷排放量占 84.31%；粪便产生量占 95.06%，粪便利用量占 94.52%；尿液产生量占 98.15%，尿液利用量占 98.20%。

4.1.3　畜禽养殖业氨气产排情况

　　规模以上畜禽养殖业氨气排放量 468.6258 吨，规模以下畜禽养殖业氨气排放量 17 527.7855 吨，全市氨气排放总量 17 996.4113 吨。

　　规模以上畜禽养殖业氨气排放量占全市排放量的 2.60%，规模以下畜禽养殖业氨气排放量占全市排放量的 97.40%。

5   水产养殖业普查结果及分析

5.1   水产养殖业主要污染物产排情况

在普查范围内昭通市水产养殖业污染物化学需氧量产生量为 556. 1592 吨、氨氮产生量为 52. 1821 吨、总氮产生量为 220. 59 吨、总磷产生量为 39. 8007 吨，产生量较大的为化学需氧量，其次为总氮。水产养殖业污染物化学需氧量排放量为 382. 6651 吨；氨氮排放量为 41. 714 吨，总氮排放量为 173. 718 吨，总磷排放量为 33. 9484 吨（表 5-1 和图 5-1）。

表 5-1   水产养殖业主要污染物产排情况 （吨）

指标	化学需氧量产生量	化学需氧量排放量	氨氮产生量	氨氮排放量	总氮产生量	总氮排放量	总磷产生量	总磷排放量
水产养殖污染源	556. 1592	382. 6651	52. 1821	41. 714	220. 59	173. 718	39. 8007	33. 9484

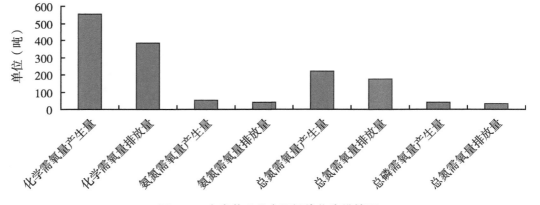

图 5-1   水产养殖业主要污染物产排情况

5.1.1   化学需氧量

昭通市水产养殖业化学需氧量产生量为 556. 1592 吨，排放量为 382. 6651 吨。排放量居前四位的县（市、区）是镇雄县、鲁甸县、盐津县、威信县，排放量分别为53.7005 吨、50.1276 吨、46.6219 吨和 45.0878 吨，排放量分别占全市水产养殖业化学需氧量总排放量的 14.03%、13.10%、12.18%和 11.78%。水富市排放量最低，为7.6282 吨。排放详细情况见表 5-2、图 5-2 至图 5-5。

表5-2　昭通市各县区水产养殖业化学需氧量产、排情况

行政区划名称	化学需氧量产生量（吨）	排名	占比（%）	化学需氧量排放量（吨）	排名	占比（%）
昭阳区	49.6513	7	8.93	35.2666	6	9.22
鲁甸县	73.134	2	13.15	50.1276	2	13.10
巧家县	49.6626	6	8.93	31.9533	7	8.35
盐津县	70.2611	3	12.63	46.6219	3	12.18
大关县	25.8922	10	4.66	15.3478	10	4.01
永善县	36.0541	9	6.48	25.6827	9	6.71
绥江县	56.3304	5	10.13	41.9631	5	10.97
镇雄县	81.3954	1	14.64	53.7005	1	14.03
彝良县	42.0078	8	7.55	29.2856	8	7.65
威信县	62.4147	4	11.22	45.0878	4	11.78
水富县	9.3556	11	1.68	7.6282	11	1.99
昭通市	556.1592			382.6651		

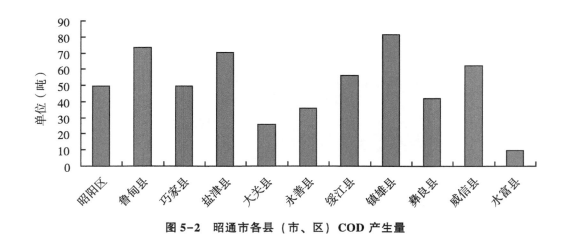

图 5-2　昭通市各县（市、区）COD 产生量

5.1.2　氨氮产排情况

昭通市水产养殖业氨氮产生量为 52.1821 吨，排放量为 41.714 吨。排放量居前四

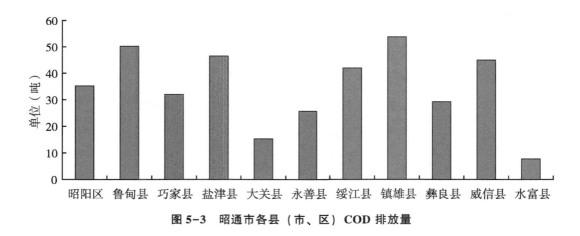

图 5-3　昭通市各县（市、区）COD 排放量

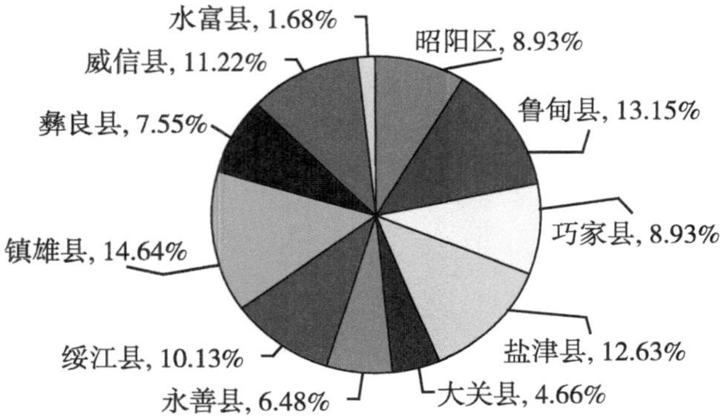

图 5-4　昭通市各县（市、区）化学需氧量产生量占比

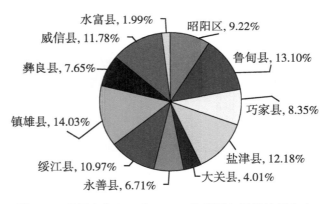

图 5-5　昭通市各县（市、区）化学需氧量排放量占比

位的县区是镇雄县、盐津县、鲁甸县、威信县，排放量分别为 6.6437 吨、5.7523 吨、5.5022 吨和 5.1231 吨，排放量分别占全市水产养殖业氨氮总排放量的 15.93%、13.79%、13.19% 和 12.28%。水富县（市）排放量最低，为 0.4068 吨。产排详细情

况见表 5-3、图 5-6 至图 5-9。

表 5-3 昭通市各县（市、区）水产养殖业氨氮产、排情况

行政区划名称	氨氮产生量（吨）	排名	占比（%）	氨氮排放量（吨）	排名	占比（%）
昭阳区	4.4937	6	8.61	3.6602	6	8.77
鲁甸县	6.8335	3	13.10	5.5022	3	13.19
巧家县	5.2709	5	10.10	4.2462	5	10.18
盐津县	7.1206	2	13.65	5.7523	2	13.79
大关县	2.4615	10	4.72	1.5181	10	3.64
永善县	3.0716	9	5.89	2.469	9	5.92
绥江县	4.3025	7	8.25	3.4711	7	8.32
镇雄县	8.2464	1	15.80	6.6437	1	15.93
彝良县	3.7441	8	7.18	2.9213	8	7.00
威信县	6.1305	4	11.75	5.1231	4	12.28
水富县	0.5068	11	0.97	0.4068	11	0.98
昭通市	52.1821			41.714		

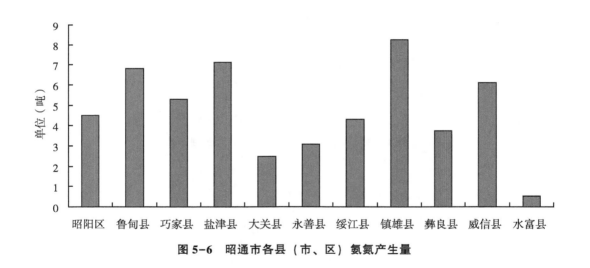

图 5-6 昭通市各县（市、区）氨氮产生量

5.1.3 总氮产排情况

昭通市水产养殖业总氮产生量为 220.59 吨，排放量为 193.718 吨。排放量居前四位的县区是镇雄县、盐津县、威信县、鲁甸县，排放量分别为 31.5067 吨、22.5066 吨、20.8815 吨和 20.5607 吨，排放量分别占全市水产养殖业总氮总排放量的 18.14%、12.96%、12.02% 和 11.84%。水富县（市）总氮排放量最低，为 1.0404 吨。产排详细情况见表 5-4、图 5-10 至图 5-13。

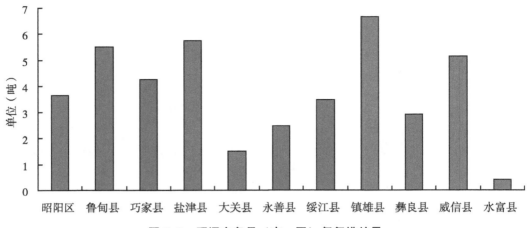

图 5-7 昭通市各县（市、区）氨氮排放量

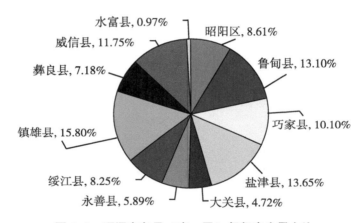

图 5-8 昭通市各县（市、区）氨氮产生量占比

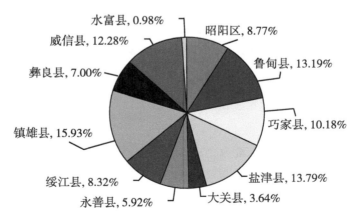

图 5-9 昭通市各县（市、区）氨氮排放量占比

表 5-4 昭通市各县区水产养殖业总氮产排情况

行政区划名称	总氮产生量（吨）	排名	占比（%）	总氮排放量（吨）	排名	占比（%）
昭阳区	16.9357	8	7.68	13.4918	7	7.77
鲁甸县	26.1974	3	11.88	20.5607	4	11.84
巧家县	21.2573	5	9.64	16.6905	5	9.61
盐津县	28.4912	2	12.92	22.5066	2	12.96
大关县	18.4254	7	8.35	11.1975	9	6.45
永善县	11.2985	10	5.12	8.8716	10	5.11
绥江县	18.6147	6	8.44	15.394	6	8.86
镇雄县	38.5218	1	17.46	31.5067	1	18.14
彝良县	14.3844	9	6.52	11.5767	8	6.66
威信县	25.1329	4	11.39	20.8815	3	12.02
水富县	1.3307	11	0.60	1.0404	11	0.60
昭通市	220.59			173.718		

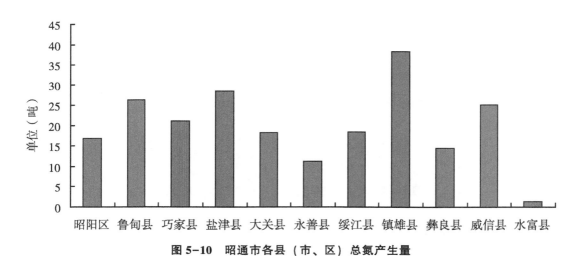

图 5-10 昭通市各县（市、区）总氮产生量

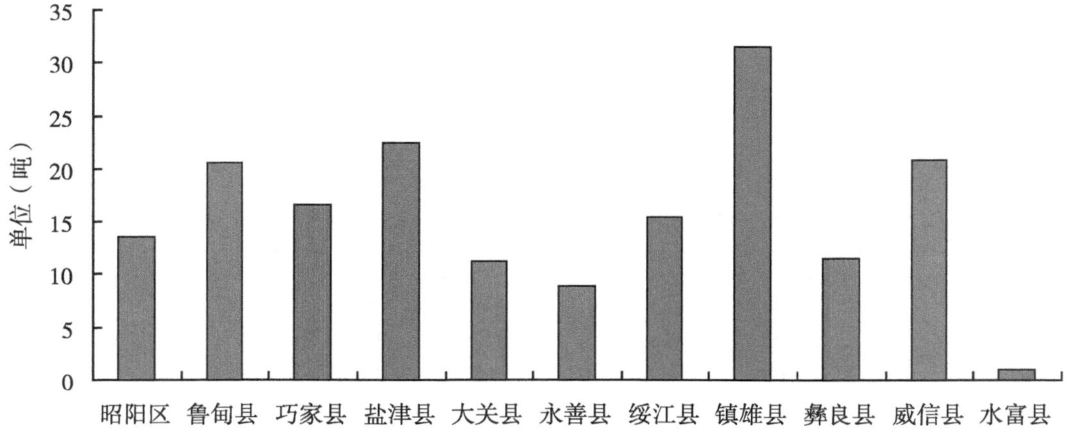

图 5-11 昭通市各县（市、区）总氮排放量

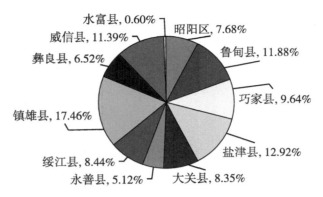

图 5-12 昭通市各县 (市、区) 总氮产生量占比

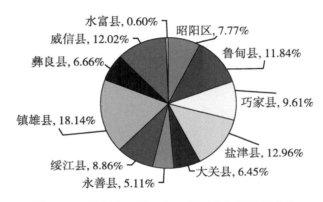

图 5-13 昭通市各县 (市、区) 总氮排放量占比

5.1.4 总磷产排情况

昭通市水产养殖业总磷产生量为 39.8007 吨,排放量为 33.9484 吨。排放量居前四位的县区是镇雄县、盐津县、鲁甸县、威信县,排放量分别为 7.2351 吨、4.9908 吨、4.1098 吨和 4.0428 吨,排放量分别占全省水产养殖业总磷总排放量的 21.31%、14.70%、12.11%和 11.941%。水富县 (市) 排放量最低,为 -0.1464 吨。详细产排情况见表 5-5、图 5-14 至图 5-17。

表 5-5 昭通市各县 (市、区) 水产养殖业总磷产排情况

行政区划名称	总磷产生量 (吨)	排名	占比 (%)	总磷排放量 (吨)	排名	占比 (%)
昭阳区	2.9635	6	7.45	2.4931	7	7.34
鲁甸县	4.8685	3	12.23	4.1098	3	12.11
巧家县	4.5397	5	11.41	3.9443	5	11.62
盐津县	5.78	2	14.52	4.9908	2	14.70
大关县	1.6712	10	4.20	1.2259	10	3.61

（续表）

行政区划名称	总磷产生量（吨）	排名	占比（%）	总磷排放量（吨）	排名	占比（%）
永善县	1.8227	9	4.58	1.485	9	4.37
绥江县	2.9663	7	7.45	2.5074	6	7.39
镇雄县	8.1599	1	20.50	7.2351	1	21.31
彝良县	2.5104	8	6.31	2.0606	8	6.07
威信县	4.6145	4	11.59	4.0428	4	11.91
水富县	-0.096	11	-0.24	-0.1464	11	-0.43
昭通市	39.8007			33.9484		

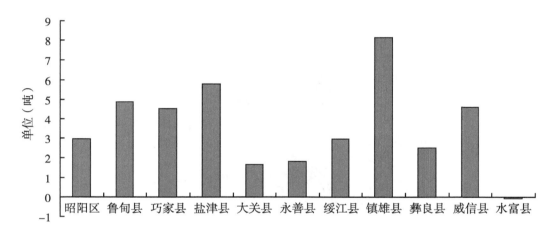

图 5-14　昭通市各县（市、区）总磷产生量

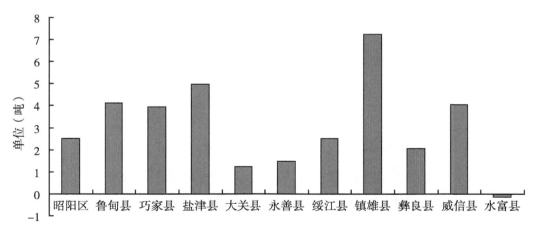

图 5-15　昭通市各县（市、区）总磷排放量

从各污染物产排在全市的分布来看，镇雄县的化学需氧量、氨氮、总氮、总磷这

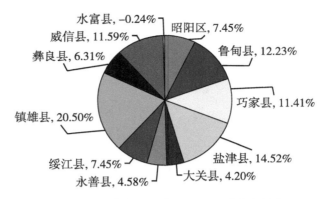

图 5-16　昭通市各县（市、区）总磷产生量占比

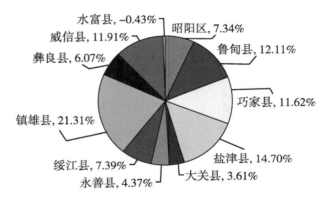

图 5-17　昭通市各县（市、区）总磷排放量占比

四种主要污染物的产生量和排放量均居全市首位，水富县（市）的四种污染物的产排量均居末位。

5.2　主要水产养殖品种污染物产生与排放量特征

由于未提供主要水产养殖品种污染物产排数据，产排量特征无法分析。

5.2.1　水产养殖总面积

昭通市水产养殖总面积为 123 501.6 亩。其中，面积最大的是昭阳区，为 24 950 亩，占全市养殖总面积的 20.20%；其次是盐津县和威信县，分别为 24 808.2 亩和 15 740 亩，占全省养殖总面积的 20.09% 和 12.74%；养殖总面积较小的是巧家县，仅为 2 500 亩，仅占全市养殖总面积的 2.02%。详细情况见图 5-18 至图 5-20。

从养殖模式上看，昭通市池塘养殖面积最大为 72 455.3 亩，占养殖总面积的 58.67%；其次是其他养殖面积为 49 800 亩，占养殖总面积的 40.33%；围栏养殖面积

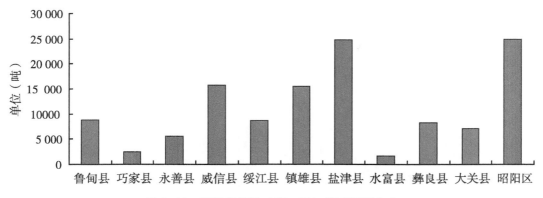

图 5-18 昭通市各县（市、区）养殖面积分布

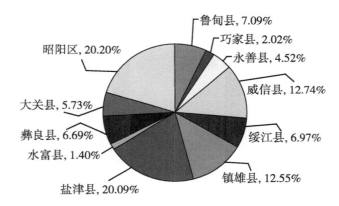

图 5-19 昭通市各县（市、区）水产养殖面积占比

为 1 000 亩，占养殖总面积的 0.81%；网箱养殖面积为 238.3 亩，占养殖总面积的 0.19%。

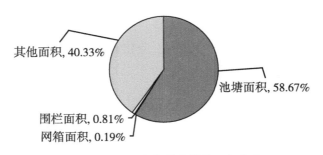

图 5-20 昭通市各养殖模式面积占比

5.2.2 水产养殖产量

昭通市水产养殖产量总量为 37 053.4 吨。产量最大的县区是盐津县，产量为 4 919 吨，占全市养殖产量的 13.28%；其次是镇雄县和鲁甸县，养殖产量分别为

4 898 吨和 4 399 吨，占全市总产量的 13.22% 和 11.87%；而养殖产量最小的是水富县（市），仅为 865 吨，占全市总产量的 2.33%。各县（市、区）的情况见图 5-21 和图 5-22。

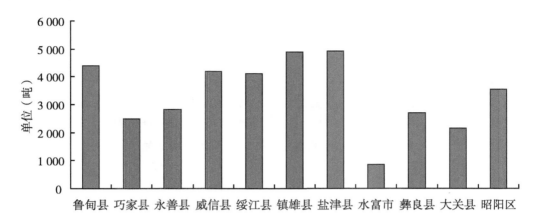

图 5-21　昭通市各县（市、区）水产养殖产量分布

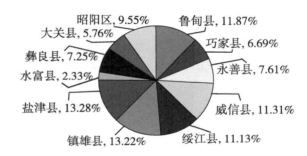

图 5-22　昭通市各县（市、区）水产养殖产量占比

从养殖模式上看，昭通市池塘养殖产量最大为 25 809 吨，占养殖总产量的 69.65%；其次是网箱养殖产量为 5 963.4 吨，占养殖总产量的 16.09%；其他养殖产量为 3 933 吨，占养殖总产量的 10.61%；工业化养殖产量为 1 328 吨，占养殖总产量的 3.58%；围栏养殖产量最少为 20 吨，占养殖总产量的 0.05%，见图 5-23。

5.2.3　水产养殖投苗量

昭通市水产养殖投苗量总量为 6 538.9 吨。投苗量最大的县（市、区）是镇雄县，投苗量为 980 吨，占全省养殖投苗量的 14.99%；其次是盐津县和永善县，养殖投苗量分别为 861 吨和 816.3 吨，占全市总投苗量的 13.17% 和 12.48%；而养殖投苗量最小的是水富县（市），仅为 178 吨，占全市总投苗量的 2.72%。各县（市、区）的情况见图 5-24 和图 5-25。

从养殖模式上看，昭通市池塘养殖投苗量最大为 4 462.4 吨，占养殖总投苗量的 68.24%；其次是网箱养殖投苗量为 1 170.6 吨，占养殖总面积的 17.90%；其他养殖

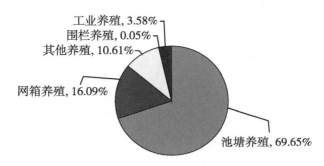

图 5-23 昭通市各养殖模式产量分布

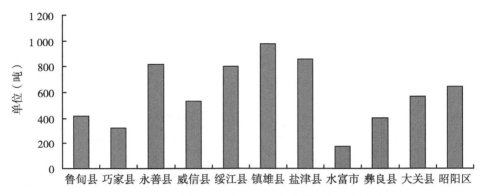

图 5-24 昭通市各县（市、区）水产养殖投苗量分布

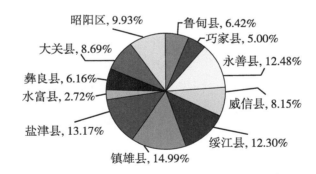

图 5-25 昭通市各县（市、区）水产养殖投苗量占比

投苗量为 713.8 吨，占养殖总投苗量的 10.92%；工业化养殖投苗量为 187 吨，占养殖总投苗量的 2.86%，围栏养殖投苗量最少为 5.1 吨，占养殖总投苗量的 0.08%，见图 5-26。

5.2.4 水产养殖品种

昭通市水产养殖品种详细见表 5-6。

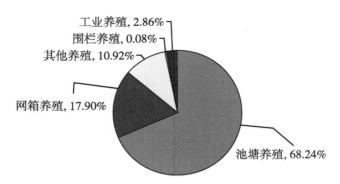

图 5-26 昭通市各养殖模式投苗量占比

表 5-6 昭通市各养殖品种情况

类别	产量 （吨）	产量占比 （%）	投苗量 （吨）	投苗量占比 （%）	面积 （亩）	面积占比 （%）
鳊鱼	254	0.88	83.51	1.60	889.8	0.89
草鱼	3 317.4	11.46	605.4	11.60	21 438	21.45
河蟹	1.8	0.01	1	0.02	30	0.03
黄颡鱼	147	0.51	27.3	0.52	194	0.19
黄鳝	42	0.15	6.4	0.12	61	0.06
鲫鱼	2 720.2	9.40	505.3	9.68	10 006	10.01
加州鲈	60	0.21	10.9	0.21	1.5225	0.00
鲤鱼	9 907	34.23	1 795	34.39	37 055	37.08
鲢鱼	5 130	17.73	1 007	19.30	16 152	16.16
罗非鱼	820	2.83	109	2.09	831.5	0.83
泥鳅	310	1.07	57.7	1.11	1 206	1.21
鲶鱼	116	0.40	7.8	0.15	191.8	0.19
其他	435	1.50	68.6	1.31	306.22	0.31
青鱼	1 395	4.82	222.1	4.26	588.4	0.59
鲟鱼	900	3.11	117.2	2.25	83.2	0.08
鳙鱼	3 052	10.55	545.4	10.45	10 815	10.82
长吻鮠	41	0.14	7.4	0.14	1.0395	0.00
鳟鱼	291	1.01	42.1	0.81	92	0.09

通过上述图 5-26、表 5-6 分析得到：昭通市水产养殖总产量为 28 939.4 吨，品种主要有 18 类，产量居前四位的是鲤鱼、鲢鱼、草鱼和鳙鱼，产量分别为 9 907 吨、5 130 吨、3 317.4 吨和 3 052 吨，在总产量中占比为 34.23%、17.73%、11.46% 和

10.55%，其中产量最少的为河蟹，产量仅有 1.8 吨，占全市总产量占比的 0.01%。

昭通市水产养殖总投苗量为 5 219 吨，投苗量居前四位的是鲤鱼、鲢鱼，草鱼和鳙鱼，投苗量分别为 1 795 吨、1 007 吨、605.4 吨和 545.4 吨，在全市总投苗量中分别占 34.39%、19.30%、11.60%、10.45%，其中投苗量最少的为河蟹，仅有 1 吨，占总投苗量的 0.02%。

昭通市水产养殖总面积为 99 940 亩，面积占前四位的是鲤鱼、草鱼、鲢鱼和鳙鱼，面积分别为 37 055 亩、21 438 亩、16 152 亩和 10 815 亩，分别占全市水产养殖面积的 37.08%、21.45%、16.16%和 10.82%，其中面积占比最少的是长吻鮠，仅有 1.04 亩，占全市水产养殖面积的 0.001%。

6 昭通市地膜普查结果及分析

6.1 地膜使用量情况

昭通市地膜使用总量 5 743.33 吨。其中，第一为镇雄县 1 526 吨，占 26.57%；第二为昭阳区 1457 吨，占 25.37%；第三为鲁甸县 613.6 吨，占 10.68%。其他县具体如下：巧家县 575 吨，占 10.01%；盐津县 147.04 吨，占 2.56%；大关县 333 吨，占 5.8%；永善县 327 吨，占 5.69%；绥江县 101 吨，占 1.76%；彝良县 433 吨，占 7.54；威信县 169 吨，占 2.94%；水富县（市）61.69 吨，占 1.07% 为最少。具体详见图 6-1。

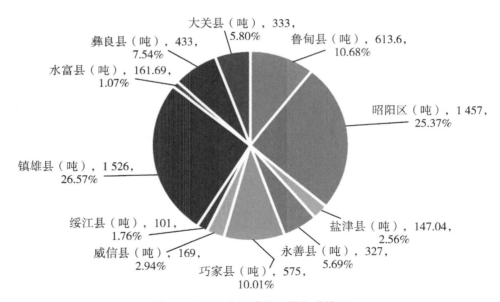

图 6-1 昭通市地膜使用量构成情况

6.2 昭通市主要农作物覆膜情况

昭通市主要农作物播种面积 9 695 134.5 亩，其中玉米播种 3 221 429 亩，覆膜 799 055 亩，覆膜面积占播种面积的 24.8%；薯类（主要是马铃薯）播种 2 697 193 亩，覆膜 225 008 亩，覆膜面积占播种面积的 8.34%；豆类播种 722 788 亩，覆膜 9 940 亩，覆膜面积占播种面积的 1.38%；经济作物播种 1 707 165.5 亩，覆膜 271 947 亩（主要是烤烟），覆膜面积占播种面积的 15.93%；蔬菜播种 1 346 559 亩，覆膜 152 228.5 亩，覆膜面积占播种面积的 11.31%。可以看出，各类作物覆膜比率最高是玉米，占播种面积的 24.8%；第二为经济作物，占播种面积的 15.93%；第三为蔬菜，占播种面积的 11.31%。各作物播种面积与覆膜面积对照情况详见图 6-2。

昭通市主要农作物玉米、薯类、豆类、经济作物和蔬菜总覆膜面积为 1 458 178.5 亩，其中玉米覆膜面积占 54.8%，经济作物（烤烟为主）占 18.65%，薯类（马铃薯）占 15.43%，蔬菜占 10.44%，豆类占 0.68%。各作物覆膜面积占总覆膜面积比重详见图 6-3 和表 6-1。

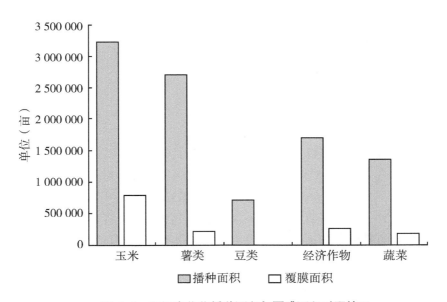

图 6-2　昭通市作物播种面积与覆膜面积对照情况

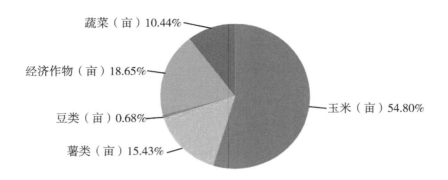

图 6-3 昭通市各作物覆膜面积量构成情况

表 6-1 作物播种面积、覆膜面积及其占比

作物种类	播种面积 （亩）	覆膜面积 （亩）	占播种面积比 （%）	占总覆膜面积比 （%）
玉米	3 221 429	799 055	24. 80	54. 80
薯类	2 697 193	225 008	8. 34	15. 43
豆类	722 788	9 940	1. 38	0. 68
经济作物	1 707 165. 5	271 947	15. 93	18. 65
蔬菜	1 346 559	152 228. 5	11. 31	10. 44

6.3 昭通市地膜回收情况

昭通市地膜回收总量 3 647.86 吨，其中镇雄县 809.38 吨，占 22.19%；昭阳区 717 吨，占 19.66%；鲁甸县 519 吨，占 14.23%；彝良县 364 吨，占 9.98%；巧家县 360 吨，占 9.87%；大关县 266.4 吨，占 7.3%；威信县 136.6 吨，占 3.74%；盐津县 95.58 吨，占 2.62%；绥江县 90.9 吨，占 2.49%；水富县（市）60 吨，占 1.64%。值得注意的是由于昭通市目前没有专门从事农田废旧地膜回收加工的企业，以上回收量主要以农户自发捡拾、深埋、焚烧、丢弃等方式处理，不能实现资源化利用。详见图 6-4。

6.4 地膜使用量、回收量、累计残留结果对比分析

昭通市地膜使用总量 5 743.33 吨。其中，第一为镇雄县 1 526 吨，占 26.57%；第二为昭阳区 1457 吨，占 25.37%；第三为鲁甸县 613.6 吨，占 10.68%。其他县具

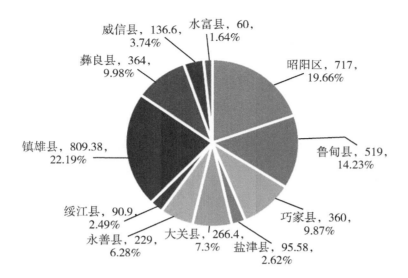

图 6-4 昭通市地膜回收量构成情况

体如下：巧家县 575 吨，占 10.01%；盐津县 147.04 吨，占 2.56%；大关县 333 吨，占 5.8%；永善县 327 吨，占 5.69%；绥江县 101 吨，占 1.76%；彝良县 433 吨，占 7.54；威信县 169 吨，占 2.94%；水富县（市）61.69 吨，占 1.07% 为最少。

昭通市地膜回收总量 3 647.86 吨，其中镇雄县 809.38 吨，占 22.19%；昭阳区 717 吨，占 19.66%；鲁甸县 519 吨，占 14.23%；彝良县 364 吨，占 9.98%；巧家县 360 吨，占 9.87%；大关县 266.4 吨，占 7.3%；威信县 136.6 吨，占 3.74%；盐津县 95.58 吨，占 2.62%；绥江县 90.9 吨，占 2.49%；水富县（市）60 吨，占 1.64%。

昭通市地膜累计残留量 3 078.2336 吨。其中，昭阳区 756.2015 吨，鲁甸县 424.1347 吨，巧家县 283.53 吨，盐津县 61.7158 吨，大关县 137.4032 吨，永善县 142.1497 吨，绥江县 42.6012 吨，镇雄县 716.6152 吨，彝良县 419.3999 吨，威信县 72.568 吨，水富县（市）21.9144 吨。

通过地膜使用量、回收量、累计残留量三者对比发现，地膜累计残留量与地膜使用量成正相关，即使用量越大的县（市、区）累计残留量也越大。地膜的累计残留量与地膜回收量之间没有相关性。详见图 6-5。

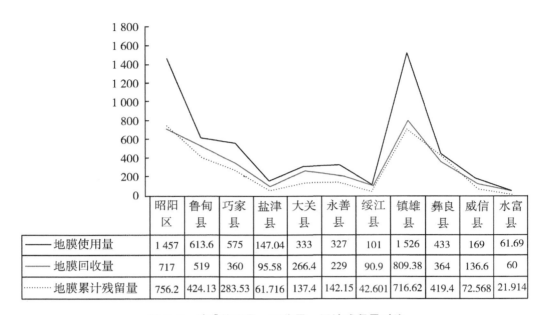

	昭阳区	鲁甸县	巧家县	盐津县	大关县	永善县	绥江县	镇雄县	彝良县	威信县	水富县
——地膜使用量	1 457	613.6	575	147.04	333	327	101	1 526	433	169	61.69
——地膜回收量	717	519	360	95.58	266.4	229	90.9	809.38	364	136.6	60
……地膜累计残留量	756.2	424.13	283.53	61.716	137.4	142.15	42.601	716.62	419.4	72.568	21.914

图 6-5　地膜使用量、回收量、累计残留量对比

7 昭通市第二次农业污染源普查秸秆结果分析

7.1 全市农作物播种面积及产量情况

全市农作物播种面积 11 563 782.55 亩,其中粮食播种面积 7 972 240 亩,占播种面积 69%,经济作物播种面积 1 707 165.5 亩,占播种面积 14.8%,蔬菜1 346 559 亩,占播种面积11.6%,瓜果播种面积13 817 亩,占播种面积0.1%,果园 524 001.05 亩,占播种面积4.5%(表7-1)。主要农作物总产量4 245 923.46 吨,其中水稻 192 468.65 吨,小麦 61 198.4 吨,玉米 1 195 940.03 吨,马铃薯(鲜产)2 796 316.38 吨,其他作物4 035 936.75 吨。

表 7-1 昭通市农作物播种面积　　　　　　　　　　　　　　(亩)

县 (区、市)	粮食作物 播种面积	经济作物 播种面积	蔬菜 播种面积	瓜果 播种面积	果园 播种面积
鲁甸县	601 665	120 003	92 547	2 338	34 399
昭阳区	830 557	281 093	167 142	428	288 082
盐津县	697 365	211 125	167 625	3 735	24 552
永善县	661 425	375 660	136 665	1 620	56 190
巧家县	796 613	168 570	124 740	1 239	11 853
水富县	106 088	21 522	36 400	39	18 488.05
威信县	752 895	85 747.5	55 545	735	8 220
绥江县	147 585	25 095	42 150	75	26 577
镇雄县	2 179 502	190 635	287 555	1 343	31 445
彝良县	672 045	203 130	124 470	1 785	15 165
大关县	526 500	24 585	111 720	480	9 030
合计	7 972 240	1 707 165.5	1 346 559	13 817	524 001.1

全市粮食作物播种面积

全市粮食作物播种面积 7 972 240 亩，分别是：小麦 536 814 亩，玉米 3 221 429 亩，水稻 403 210 亩，薯类 2 697 193 亩（其中马铃薯 2 249 028 亩），豆类 722 788 亩（其中大豆 255 645 亩，其他豆类 467 143 亩），详见表 7-2。

表 7-2　昭通市粮食作物播种面积　　　　　　　　　　（亩）

县（区、市）	粮食作物播种面积	小麦播种面积	玉米播种面积	水稻播种面积	薯类播种面积	豆类播种面积
鲁甸县	601 665	45 999	224 023	21 120	192 952	65 635
昭阳区	830 557	2 230	284 819	51 922	342 269	99 796
盐津县	697 365	15 765	312 495	68 430	234 465	66 195
永善县	661 425	34 635	240 030	61 635	236 340	77 010
巧家县	796 613	67 908	251 796	22 272	321 485	86 696
水富县	106 088	0	51 987	31 776	12 023	10 302
威信县	752 895	5 925	345 525	51 600	271 920	75 045
绥江县	147 585	2 595	82 425	19 920	20 265	22 380
镇雄县	2 179 502	245 657	880 574	14 910	708 849	115 089
彝良县	672 045	81 870	327 975	32 550	161 550	54 300
大关县	526 500	34 230	219 780	27 075	195 075	50 340
合计	7 972 240	536 814	3 221 429	403 210	2 697 193	722 788

7.2　秸秆规模化利用企业

全市秸秆规模化利用企业 453 个，分别是：昭阳区 39 个，鲁甸县 83 个，盐津县 66 个，大关县 72 个，永善县 17 个，绥江县 39 个，水富县（市）8 个，镇雄县 45 个，彝良县 28 个，威信县 56 个，详见表 7-3。

7.2.1　秸秆肥料化利用企业

全市秸秆肥料化利用企业 37 个，分别是：大关县 11 个，绥江县 1 个，镇雄县 25 个。

7.2.2　秸秆饲料化利用企业

全市秸秆饲料化利用企业 406 个，分别是：昭阳区 36 个，鲁甸县 83 个，盐津县 65 个，大关县 61 个，永善县 17 个，绥江县 33 个，水富县（市）8 个，镇雄县 20

个，彝良县 27 个，威信县 56 个。

7.2.3 秸秆基料化利用企业

全市基料化利用企业 9 个，分别是：昭阳区 3 个，绥江县 5 个，彝良县 1 个。

7.2.4 秸秆原料化利用企业

全市秸秆原料化利用企业 1 个，在盐津县。

7.2.5 秸秆燃料化利用企业

全市没有秸秆燃料化利用企业。

7.3 秸秆规模化利用数量

全市秸秆规模化利用数量 64 267.22 吨，分别是：昭阳区 6 314 吨，鲁甸县 5 026 吨，盐津县 422.72 吨，大关县 7 234.9 吨，永善县 4 627.5 吨，绥江县 780.1 吨，水富县（市）100 吨，镇雄县 25 058 吨，彝良县 1 604 吨，威信县 13 100 吨。

7.3.1 秸秆肥料化利用数量

全市秸秆肥料化利用数量 18 537 吨，分别是：大关县 476.5 吨，镇雄县 18 058 吨，绥江县 2 吨。

7.3.2 秸秆饲料化利用数量

全市秸秆饲料化利用数量 45 455 吨，分别是：昭阳区 6 099 吨，鲁甸县 5 026 吨，盐津县 412.82 吨，大关县 6 758.4 吨，永善县 4 627.5 吨，绥江县 732.9 吨，水富县（市）100 吨，镇雄县 7 000 吨，彝良县 1 598 吨，威信县 13 100 吨。

7.3.3 秸秆基料化利用数量

全市秸秆基料化利用数量 266.2 吨，分别是：昭阳区 215 吨，绥江县 45.2 吨，彝良县 6 吨。

7.3.4 秸秆原料化利用数量

全市秸秆原料化利用数量 9.9 吨，在盐津县。

7.3.5 秸秆燃料化利用数量

全市没有秸秆燃料化利用数量。

表 7-3 秸秆规模化利用企业及五料化利用数量

县（区、市）	秸秆规模化利用企业数量（个）	肥料化利用企业数量（个）	饲料化利用企业数量（个）	基料化利用企业数量（个）	原料化利用企业数量（个）	燃料化利用企业数量（个）	秸秆规模化利用数量（吨）	肥料化利用数量（吨）	饲料化利用数量（吨）	基料化利用数量（吨）	原料化利用数量（吨）	燃料化利用数量（吨）
鲁甸县	83	0	83	0	0	0	5 026	0	5 026	0	0	0
昭阳区	39	0	36	3	0	0	6 314	0	6 099	215	0	0
盐津县	66	0	65	0	1	0	422.72	0	412.82	0	9.9	0
永善县	17	0	17	0	0	0	4 627.5	0	4 627.5	0	0	0
巧家县	0	0	0	0	0	0	0	0	0	0	0	0
威信县	56	0	56	0	0	0	13 100	0	13 100	0	0	0
绥江县	39	1	33	5	0	0	780.1	2	732.9	45.2	0	0
镇雄县	45	25	20	0	0	0	25 058	18 058	7 000	0	0	0
水富县	8	0	8	0	0	0	100	0	100	0	0	0
彝良县	28	0	27	1	0	0	1 604	0	1 598	6	0	0
大关县	72	11	61	0	0	0	7 234.9	476.5	6 758.4	0	0	0
合计	453	37	406	9	1	0	64 267.2	18 537	45 454.62	266.2	9.9	0

7.4 秸秆机械收获及直接还田面积

7.4.1 小麦秸秆机械收获及直接还田面积

全市小麦播种面积 536 814 亩，小麦秸秆机械收获面积 4 930 亩，小麦秸秆直接还田面积 50 289 亩，详见表 7-4。

表 7-4 小麦秸秆机械收获及直接还田面积　　　　　　　　　　　　　　　　（亩）

县 （市、区）	小麦 播种面积	小麦 机械收获面积	小麦秸秆 直接还田面积
鲁甸县	45 999	0	0
昭阳区	2 230	2 230	2 230
盐津县	15 765	1 500	1 260
永善县	34 635	0	3 000
巧家县	67 908	0	1 130
水富县	0	0	0
威信县	5 925	1 200	1 500
绥江县	2 595	0	1 250
镇雄县	245 657	0	0
彝良县	81 870	0	29 650
大关县	34 230	0	10 269
合计	536 814	4 930	50 289

7.4.2 玉米秸秆机械收获及直接还田面积

全市玉米播种面积 3 221 429 亩，玉米秸秆机械收获面积 5 475 亩，玉米秸秆直接还田面积 1 296 908 亩，详见表 7-5。

表 7-5 玉米秸秆机械收获及直接还田面积　　　　　　　　　　　　　　　　（亩）

县 （市、区）	玉米 播种面积	玉米 机械收获面积	玉米秸秆 直接还田面积
鲁甸县	224 023	0	87 000
昭阳区	284 819	4 995	115 995

（续表）

县 （市、区）	玉米 播种面积	玉米 机械收获面积	玉米秸秆 直接还田面积
盐津县	312 495	0	116 898
永善县	240 030	0	72 009
巧家县	251 796	0	10 342
水富县	51 987	0	10 000
威信县	345 525	480	140 250
绥江县	82 425	0	38 100
镇雄县	880 574	0	466 402
彝良县	327 975	0	152 000
大关县	219 780	0	87 912
合计	3 221 429	5 475	1 296 908

7.4.3 水稻秸秆机械收获及直接还田面积

全市水稻播种面积 403 210 亩，水稻秸秆机械收获面积 45 950.5 亩，水稻秸秆直接还田面积 146 883 亩，详见表 7-6。

表 7-6 水稻秸秆机械收获及直接还田面积 （亩）

县 （市、区）	水稻 播种面积	水稻 机械收获面积	水稻秸秆 直接还田面积
鲁甸县	21 120	0	0
昭阳区	51 922	15 000	15 000
盐津县	68 430	7 750.5	32 678
永善县	61 635	0	24 654
巧家县	22 272	0	890
水富县	31 776	0	16 500
威信县	51 600	20 200	39 450
绥江县	19 920	0	13 650
镇雄县	14 910	3 000	0
彝良县	32 550	0	0
大关县	27 075	0	4 061
合计	403 210	45 950.5	146 883

7.4.4 薯类秸秆机械收获及直接还田面积

全市薯类播种面积 2 697 193 亩，薯类秸秆机械收获面积 108 955 亩，薯类秸秆直接还田面积 1 289 957.5 亩，其中：马铃薯播种面积 2 249 028 亩，马铃薯秸秆机械收获面积 108 955 亩，马铃薯秸秆直接还田面积 1 263 472 亩，详见表 7-7。

表 7-7　薯类秸秆机械收获及直接还田面积　　　　　　　　　（亩）

县（市、区）	薯类播种面积	薯类机械收获面积	薯类秸秆直接还田面积	马铃薯播种面积	马铃薯机械收获面积	马铃薯秸秆直接还田面积
鲁甸县	192 952	45 000	185 670	185 679	45 000	185 670
昭阳区	342 269	25 005	333 614	333 614	25 005	333 614
盐津县	234 465	0	44 873	105 750	0	40 184
永善县	236 340	0	71 977.5	205 650	0	71 977.5
巧家县	321 485	1 560	93 202	262 578	1560	93 202
水富县	12 023	0	765	3 400	0	765
威信县	271 920	390	0	203 175	390	0
绥江县	20 265	0	5 200	12 465	0	5 200
镇雄县	708 849	25 000	473 406	666 702	25 000	466 702
彝良县	161 550	0	0	137 700	0	0
大关县	195 075	12 000	81 250	132 315	12 000	66 157.5
合计	2 697 193	108 955	1 289 957.5	2 249 028	108 955	1 263 472

7.4.5 豆类秸秆机械收获及直接还田面积

全市豆类播种面积 722 788 亩，其中大豆 255 645 亩，其他豆类 467 143 亩。大豆秸秆未采用机械收获，其秸秆直接还田面积 8 889 亩，详见表 7-8。

表 7-8　豆类秸秆机械收获及直接还田面积　　　　　　　　　（亩）

县（市、区）	豆类播种面积	大豆播种面积	大豆机械收获面积	大豆秸秆直接还田面积	其他豆类播种面积
鲁甸县	65 635	16 144	0	0	49 491
昭阳区	99 796	23 567	0	0	76 229

（续表）

县 （市、区）	豆类 播种面积	大豆 播种面积	大豆 机械收获 面积	大豆 秸秆直接 还田面积	其他豆类 播种面积
盐津县	66 195	29 535	0	0	36 660
永善县	77 010	42 015	0	0	34 995
巧家县	86 696	17 562	0	890	69 134
水富县	10 302	5 122	0	459	5 180
威信县	75 045	34 740	0	0	40 305
绥江县	22 380	7 785	0	0	14 595
镇雄县	115 089	56 480	0	0	58 609
彝良县	54 300	8 535	0	4 000	45 765
大关县	50 340	14 160	0	3 540	36 180
合计	722 788	255 645	0	8 889	467 143

7.4.6 油菜秸秆机械收获及直接还田面积

全市油菜播种面积 380 591 亩，油菜秸秆机械收获面积 300 亩，油菜秸秆直接还田面积 163 031.75 亩，详见表 7-9。

表 7-9 油菜秸秆机械收获及直接还田面积 （亩）

县（市、区）	油菜 播种面积	油菜 机械收获面积	油菜 秸秆直接还田面积
鲁甸县	7 030	0	0
昭阳区	426	0	0
盐津县	99 480	300	39 792
永善县	49 875	0	7 481.25
巧家县	3 130	0	0
水富县	7 509	0	1 250
威信县	58 380	0	0
绥江县	19 695	0	6 300
镇雄县	96 351	0	96 351
彝良县	35 265	0	10 650
大关县	3 450	0	1 207.5
合计	380 591	300	163 031.75

7.4.7　花生秸秆机械收获及直接还田面积

全市花生播种面积 73 871 亩，花生秸秆未采用机械收获，花生秸秆直接还田面积 13 101 亩，详见表 7-10。

表 7-10　花生秸秆机械收获及直接还田面积　　　　　　　　（亩）

县（市、区）	花生 播种面积	花生 机械收获面积	花生 秸秆直接还田面积
鲁甸县	3 034	0	0
昭阳区	232	0	0
盐津县	21 495	0	10 748
永善县	6 405	0	1 281
巧家县	6 695	0	0
水富县	2 323	0	0
威信县	13 515	0	0
绥江县	660	0	500
镇雄县	13 452	0	0
彝良县	4 425	0	0
大关县	1 635	0	572
合计	73 871	0	13 101

7.4.8　甘蔗秸秆机械收获及直接还田面积

全市甘蔗播种面积 8 431 亩，甘蔗未采用机械收获，甘蔗秸秆直接还田面积 162 亩，详见表 7-11。

表 7-11　甘蔗秸秆机械收获及直接还田面积　　　　　　　　（亩）

县（市、区）	甘蔗 播种面积	甘蔗 机械收获面积	甘蔗 秸秆直接还田面积
鲁甸县	205	0	0
昭阳区	1 048	0	0

（续表）

县（市、区）	甘蔗 播种面积	甘蔗 机械收获面积	甘蔗 秸秆直接还田面积
盐津县	1 080	0	162
永善县	915	0	0
巧家县	2 972	0	0
水富县	25	0	0
威信县	375	0	0
绥江县	300	0	0
镇雄县	130	0	0
彝良县	526	0	0
大关县	855	0	0
合计	8 431	0	162

7.5 主要作物五料化利用情况

7.5.1 水稻作物五料化利用情况

全市水稻作物五料化利用中，肥料化利用 84 吨，饲料化利用 4 693.08 吨，基料化利用 229.3 吨，没有原料化利用和燃料化利用情况，详见表 7-12。

表 7-12 水稻作物"五料化"利用情况 （吨）

县（市、区）	中稻和一季 晚稻肥料化	中稻和一季 晚稻饲料化	中稻和一季 晚稻基料化	中稻和一季 晚稻原料化	中稻和一季 晚稻燃料化
鲁甸县	0	1 169.5	0	0	0
昭阳区	0	1 184	215	0	0
盐津县	0	8.58	0	0	0
永善县	0	50	0	0	0
巧家县	0	0	0	0	0

（续表）

县（市、区）	中稻和一季晚稻肥料化	中稻和一季晚稻饲料化	中稻和一季晚稻基料化	中稻和一季晚稻原料化	中稻和一季晚稻燃料化
水富县	0	11	0	0	0
威信县	0	0	0	0	0
绥江县	0	7	8.3	0	0
镇雄县	0	0	0	0	0
彝良县	0	116	6	0	0
大关县	84	2 147	0	0	0
合计	84	4 693.08	229.3	0	0

7.5.2 小麦作物五料化利用情况

全市小麦作物五料化利用中仅有饲料化利用 509.5 吨，详见表 7-13。

表 7-13 小麦作物"五料化"利用情况　　　　（吨）

县（市、区）	小麦肥料化	小麦饲料化	小麦基料化	小麦原料化	小麦燃料化
鲁甸县	0	509.5	0	0	0
昭阳区	0	0	0	0	0
盐津县	0	0	0	0	0
永善县	0	0	0	0	0
巧家县	0	0	0	0	0
水富县	0	0	0	0	0
威信县	0	0	0	0	0
绥江县	0	0	0	0	0
镇雄县	0	0	0	0	0
彝良县	0	10	0	0	0
大关县	0	0	0	0	0
合计	0	519.5	0	0	0

7.5.3 玉米作物五料化利用情况

全市玉米作物五料化利用中，肥料化利用 18 452.5 吨，饲料化利用 37 865.24 吨，基料化利用 36.5 吨，原料化利用 9.9 吨，没有燃料化利用情况，详见表 7-14。

表 7-14 玉米作物"五料化"利用情况 （吨）

县（市、区）	玉米肥料化	玉米饲料化	玉米基料化	玉米原料化	玉米燃料化
鲁甸县	0	3 272.5	0	0	0
昭阳区	0	4 915	0	0	0
盐津县	0	102.74	0	9.9	0
永善县	0	3 595	0	0	0
巧家县	0	0	0	0	0
水富县	0	86	0	0	0
威信县	0	13 100	0	0	0
绥江县	2	629	36.5	0	0
镇雄县	18 058	7 000	0	0	0
彝良县	0	1 412	0	0	0
大关县	392.5	3 753	0	0	0
合计	18 452.5	37 865.24	36.5	9.9	0

7.5.4 薯类作物五料化利用情况

全市薯类作物五料化利用中仅有饲料化利用 2 269.41 吨，其中马铃薯饲料化 667.4 吨，详见表 7-15。

表 7-15　薯类作物"五料化"利用情况

（吨）

县（市、区）	薯类肥料化	薯类饲料化	薯类基料化	薯类原料化	薯类燃料化	马铃薯肥料化	马铃薯饲料化	马铃薯基料化	马铃薯原料化	马铃薯燃料化
鲁甸县	0	9.5	0	0	0	0	0	0	0	0
昭阳区	0	0	0	0	0	0	0	0	0	0
盐津县	0	293.91	0	0	0	0	3.3	0	0	0
永善县	0	975	0	0	0	0	389	0	0	0
巧家县	0	0	0	0	0	0	0	0	0	0
水富县	0	3	0	0	0	0	3	0	0	0
威信县	0	0	0	0	0	0	0	0	0	0
绥江县	0	85.1	0	0	0	0	0	0	0	0
镇雄县	0	0	0	0	0	0	0	0	0	0
彝良县	0	60	0	0	0	0	0	0	0	0
大关县	0	842.9	0	0	0	0	272.1	0	0	0
合计	0	2 269.41	0	0	0	0	667.4	0	0	0

7.5.5 油菜作物五料化利用情况

全市油菜作物五料化利用中，饲料化利用 62.94 吨，基料化利用 0.4 吨，没有肥料化、原料化和燃料化利用情况，详见表 7-16。

表 7-16 油菜作物"五料化"利用情况 （吨）

县（市、区）	油菜肥料化	油菜饲料化	油菜基料化	油菜原料化	油菜燃料化
鲁甸县	0	51	0	0	0
昭阳区	0	0	0	0	0
盐津县	0	2.64	0	0	0
永善县	0	1.3	0	0	0
巧家县	0	0	0	0	0
水富县	0	0	0	0	0
威信县	0	0	0	0	0
绥江县	0	5	0.4	0	0
镇雄县	0	0	0	0	0
彝良县	0	0	0	0	0
大关县	0	3	0	0	0
合计	0	62.94	0.4	0	0

7.5.6 大豆作物五料化利用情况

全市大豆作物五料化利用中仅有饲料化利用 26.27 吨，详见表 7-17。

表 7-17 大豆作物"五料化"利用情况 （吨）

县（市、区）	大豆肥料化	大豆饲料化	大豆基料化	大豆原料化	大豆燃料化
鲁甸县	0	9	0	0	0
昭阳区	0	0	0	0	0

（续表）

县（市、区）	大豆肥料化	大豆饲料化	大豆基料化	大豆原料化	大豆燃料化
盐津县	0	2.97	0	0	0
永善县	0	3.3	0	0	0
巧家县	0	0	0	0	0
水富县	0	0	0	0	0
威信县	0	0	0	0	0
绥江县	0	4.5	0	0	0
镇雄县	0	0	0	0	0
彝良县	0	0	0	0	0
大关县	0	6.5	0	0	0
合计	0	26.27	0	0	0

7.5.7 花生作物五料化利用情况

全市花生作物五料化利用中，仅有饲料化利用 18.18 吨，详见表 7-18。

表 7-18 花生作物"五料化"利用情况 （吨）

县（市、区）	花生肥料化	花生饲料化	花生基料化	花生原料化	花生燃料化
鲁甸县	0	5	0	0	0
昭阳区	0	0	0	0	0
盐津县	0	1.98	0	0	0
永善县	0	2.9	0	0	0
巧家县	0	0	0	0	0
水富县	0	0	0	0	0
威信县	0	0	0	0	0
绥江县	0	2.3	0	0	0

（续表）

县（市、区）	花生肥料化	花生饲料化	花生基料化	花生原料化	花生燃料化
镇雄县	0	0	0	0	0
彝良县	0	0	0	0	0
大关县	0	6	0	0	0
合计	0	18.18	0	0	0

7.6　昭通市秸秆资源量

7.6.1　昭通市秸秆理论资源量

昭通市秸秆理论资源量 188.3236 万吨，分县（市、区）是：昭阳区 24.3496 万吨，鲁甸县 12.7586 万吨，巧家县 12.7586 万吨，盐津县 16.9238 万吨，大关县 7.7403 万吨，永善县 24.4477 万吨，绥江县 3.7094 万吨，镇雄县 41.1129 万吨，彝良县 18.4008 万吨，威信县 18.7558 万吨，水富县（市）2.7473 万吨。分作物是：早稻 0.0719 万吨，中稻和一季晚稻 16.1086 万吨，小麦 6.9766 万吨，玉米 119.594 万吨，薯类 24.6333 万吨（其中马铃薯 16.778 万吨），花生 1.7792 万吨，油菜 15.4896 万吨，大豆 3.0872 万吨，甘蔗 0.5832 万吨。详见表 7-19。

7.6.2　昭通市秸秆可收集资源量

昭通市秸秆可收集资源量 170.5302 万吨，分县（市、区）是：昭阳区 22.152 万吨，鲁甸县 11.6566 万吨，巧家县 16.0692 万吨，盐津县 15.2701 万吨，大关县 6.9557 万吨，永善县 21.4331 万吨，绥江县 3.3015 万吨，镇雄县 37.6161 万吨，彝良县 16.7359 万吨，威信县 16.9516 万吨，水富县（市）2.3884 万吨。分作物是：早稻 0.0499 万吨，中稻和一季晚稻 12.7427 万吨，小麦 6.0944 万吨，玉米 109.0667 万吨，薯类 24.1404 万吨（其中马铃薯 16.4424 万吨），花生 1.7435 万吨，油菜 13.2345 万吨，大豆 2.8747 万吨，甘蔗 0.5832 万吨。详见表 7-20。

（万吨）

表 7-19　昭通市秸秆理论资源量

县（市、区）名称	秸秆理论资源量	早稻秸秆理论资源量	中稻和一季晚稻秸秆理论资源量	小麦秸秆理论资源量	玉米秸秆理论资源量	薯类秸秆理论资源量	马铃薯秸秆理论资源量	花生秸秆理论资源量	油菜籽秸秆理论资源量	大豆秸秆理论资源量	甘蔗秸秆理论资源量
昭通市	188.3236	0.0719	16.1086	6.9766	119.594	24.6333	16.778	1.7792	15.4896	3.0872	0.5832
昭阳区	24.3496	0	2.6342	0.0274	16.8186	3.7064	3.4425	0.0311	0.0969	0.718	0.3171
鲁甸县	12.7586	0	0.9406	0.3371	8.9316	2.1331	1.8958	0.0245	0.163	0.2254	0.0033
巧家县	17.3774	0.0719	0.7559	1.1752	9.7006	5.1675	3.0344	0.1189	0.0292	0.303	0.0552
盐津县	16.9238	0	2.3499	0.1693	9.6603	2.721	0.4751	0.2192	1.4187	0.3732	0.0121
大关县	7.7403	0	1.1105	0.3431	5.627	0.4495	0.1305	0.0608	0.0054	0.1399	0.0041
永善县	24.4477	0	3.1467	0.4866	8.4106	0.4752	0.377	0.8486	10.3839	0.5142	0.182
绥江县	3.7094	0	0.6949	0.0345	2.4202	0.1891	0.0683	0.0079	0.2686	0.0905	0.0036
镇雄县	41.1129	0	0.3462	3.6226	30.2704	5.2845	4.5654	0.1946	1.3111	0.0831	0.0003
彝良县	18.4008	0	1.2067	0.6817	13.0805	2.2706	1.6047	0.0684	0.7949	0.2943	0.0038
威信县	18.7558	0	1.8927	0.0991	13.3373	2.048	1.1661	0.1752	0.9056	0.2964	0.0015
水富县	2.7473	0	1.0303	0	1.3369	0.1884	0.0182	0.03	0.1123	0.0492	0.0002

表 7-20 昭通市秸秆可收集资源量

（万吨）

县（市、区）名称	秸秆可收集资源量	早稻秸秆可收集资源量	中稻和一季晚稻秸秆可收集资源量	小麦秸秆可收集资源量	玉米秸秆可收集资源量	薯类秸秆可收集资源量	马铃薯秸秆可收集资源量	花生秸秆可收集资源量	油菜籽秸秆可收集资源量	大豆秸秆可收集资源量	甘蔗秸秆可收集资源量
昭通市	170.530	0.0499	12.7427	6.0944	109.067	24.1404	16.442	1.7435	13.235	2.8747	0.5832
昭阳区	22.152	0	2.0624	0.0226	15.3358	3.6322	3.3736	0.0304	0.0828	0.6686	0.3171
鲁甸县	11.6566	0	0.7495	0.2947	8.1456	2.0904	1.8579	0.024	0.1393	0.2099	0.0033
巧家县	16.0692	0.0499	0.6023	1.0271	8.8469	5.0641	2.9737	0.1165	0.025	0.2822	0.0552
盐津县	15.2701	0	1.8596	0.1472	8.8102	2.6666	0.4656	0.2148	1.2121	0.3475	0.0121
大关县	6.9557	0	0.8848	0.2999	5.1318	0.4405	0.1279	0.0596	0.0046	0.1303	0.0041
永善县	21.4331	0	2.5073	0.4252	7.6705	0.4657	0.3695	0.8316	8.872	0.4788	0.182
绥江县	3.3015	0	0.5537	0.0302	2.2072	0.1854	0.0669	0.0077	0.2295	0.0842	0.0036
镇雄县	37.6161	0	0.2759	3.1661	27.6066	5.1788	4.4741	0.1907	1.1202	0.0774	0.0003
彝良县	16.7359	0	0.9615	0.5958	11.9294	2.2251	1.5726	0.0671	0.6792	0.274	0.0038
威信县	16.9516	0	1.4725	0.0856	12.1634	2.007	1.1428	0.1717	0.7738	0.276	0.0015
水富县	2.3884	0	0.8132	0	1.2193	0.1846	0.0178	0.0294	0.096	0.0458	0.0002

7.6.3　昭通市秸秆资源利用情况

昭通市秸秆资源利用量 139.8114 万吨，秸秆利用率达 81.97%。其中，昭阳区 18.6889 万吨，利用率 84.37%；鲁甸县 10.0961 万吨，利用率 86.61%；巧家县 8.039 万吨，利用率 50.03%；盐津县 12.1782 万吨，利用率 79.75%；大关县 6.0357 万吨，利用率 86.77%；永善县 15.4441 万吨，利用率 72.06%；绥江县 2.9613 万吨，利用率 89.69%；镇雄县 36.5825 万吨，利用率 97.25%；彝良县 13.6438 万吨，利用率 81.52%；威信县 14.6214 万吨，利用率 86.25%；水富县（市）1.5204 万吨，利用率 63.66%。详见表 7-21。

表 7-21　昭通市秸秆利用情况

县（市、区）名称	秸秆理论资源量（万吨）	秸秆可收集资源量（万吨）	秸秆利用量（万吨）	秸秆利用率（%）
昭通市	188.3236	170.5302	139.8114	81.97
昭阳区	24.3496	22.152	18.6889	84.37
鲁甸县	12.7586	11.6566	10.0961	86.61
巧家县	17.3774	16.0692	8.039	50.03
盐津县	16.9238	15.2701	12.1782	79.75
大关县	7.7403	6.9557	6.0357	86.77
永善县	24.4477	21.4331	15.4441	72.06
绥江县	3.7094	3.3015	2.9613	89.69
镇雄县	41.1129	37.6161	36.5825	97.25
彝良县	18.4008	16.7359	13.6438	81.52
威信县	18.7558	16.9516	14.6214	86.25
水富县	2.7473	2.3884	1.5204	63.66

8 昭通市农业污染源小结

8.1 种植业污染源小结

8.1.1 种植业耕地与园地情况

2017 年昭通市耕地与园地总面积为 6 202 646.85 亩，其中平地（坡度≤5°）面积 636 732.89 亩，占总面积 10%，缓坡地（坡度为 5°~15°）面积 1 828 333.13 亩，占总面积 30%，陡坡地（坡度>15°）面积 3 737 580.83 亩，占总面积 60%；耕地面积为 5 495 813 亩，其中旱地 5 083 996 亩，占耕地面积 93%，水田 411 817 亩，占耕地面积 7%；菜地面积 1 346 559 亩，其中，露地 1 331 054 亩，占菜地面积 99%，保护地 15 505 亩，占菜地面积 1%；园地面积 706 833.85 亩，其中果园 504 923.05 亩，占园地面积 71%，茶园 97 852.5 亩，占园地面积 14%，桑园 32 600 亩，占园地面积 5%，其他 71 458.3 亩，占园地面积 10%；全市农作物播种面积 11 562 162.55 亩，其中粮食播种面积 7 972 240 亩，占播种面积 69%，经济作物播种面积 1 707 165.5 亩，占播种面积 14.8%，蔬菜 1 346 559 亩，占播种面积 11.6%，瓜果播种面积 13 817 亩，占播种面积 0.1%，果园 524 001.05 亩，占播种面积 4.5%；全市主要粮食作物总产量 4 245 923.46 吨，其中水稻 192 468.65 吨，小麦 61 198.4 吨，玉米 1 195 940.03 吨，马铃薯 2 796 316.38 吨。

8.1.2 化肥和农药施用普查结果及分析

2017 年昭通市化肥施用量 463 743.15 吨，其中氮肥施用折纯量 89 564.4 吨，含氮复合肥施用折纯量 21 391.5 吨，农药使用量 1 428.08 吨。全市以播种面积计算，亩均化肥施用量 40.1 千克/亩，亩均氮肥施用折纯量 7.75 千克/亩，亩均含氮复合肥施用折纯量 1.85 千克/亩，亩均农药使用量 0.12 千克/亩，小于 0.3 千克/亩的全国平均水平。

昭通市种植业涉水、涉气污染物有总氮、总磷、氨氮、氨气和挥发性有机物。总氮的产生量包括氮肥施用折纯量 89 564.4 吨和含氮复合肥施用折纯量 21 391.5 吨，共计 110 955.9 吨，占化肥施用量 463 743.15 吨的 24%。昭通市污染物氨氮排放量为 273.694 8 吨，氨氮排放量从高到低的县（区、市）是镇雄>昭阳>巧家>彝良>鲁

甸>永善>盐津>威信>大关>绥江>水富。昭通市种植业污染物总氮排放量为
4 108.0889 吨，总氮排放量从高到低的县（区、市）是镇雄>昭阳>巧家>彝良>鲁
甸>永善>盐津>威信>大关>绥江>水富。总磷排放量为 328.8115 吨，总磷排放量从高
到低的县（区、市）是镇雄>昭阳>巧家>彝良>鲁甸>永善>盐津>威信>大关>绥江>水
富。昭通市种植业氨气排放量为 8 327.6446 吨，氨气排放量从高到低的县（区、
市）是镇雄>昭阳>巧家>盐津>彝良>永善>威信>大关 >鲁甸>绥江>水富。种植业挥
发性有机物排放量为 800.2356 吨，挥发性有机物排放量从高到低的县（区、市）是
镇雄>昭阳>永善>盐津>威信> 彝良>巧家>鲁甸>大关>绥江>水富。

综上，镇雄、昭阳、巧家在种植业污染物排放指标中，氨氮、总氮、总磷、氨气
均居于前三位，挥发性有机物排放量镇雄、昭阳还是居于前二位，永善居于第三位，
水富和绥江排放量最少。

8.2　畜禽养殖业污染源小结

（1）完成了规上 237 家养殖场的入户调查工作，其中生猪 73 户、肉牛 98 户、蛋
鸡 35 户、肉鸡 31 户。按照国家普查要求，完成了相关的普查工作，并建立了相关的
档案资料。

（2）结合规下 327 家养殖户（专业户、散养户）的抽样调查工作，依据 11 个县
（市、区）已有规下养殖场（专业户、散养户）数据，统计完成了生猪、奶牛、肉
牛、蛋鸡以及肉鸡养殖户的基础数据。

（3）昭通市的畜禽养殖业排前三位的是镇雄、鲁甸、威信，占全市 45.60%的养
殖户数。

（4）昭通市畜禽养殖业粪便产生量为 198.194001 万吨/年、尿液产生量
265.997353 万吨、粪便利用量 155.111136 万吨、尿液利用量 216.207617 万吨，粪
便、尿液的排放量分别为 43.08287 万吨和 49.78974 万吨。

（5）昭通市畜禽养殖过程中，化学需氧量产生量 608 633.3604 吨，化学需氧量
排放量 25 010.8627 吨；氨氮产生量 3 181.7393 吨，氨氮排放量 192.8033 吨；总氮产
生量 33 717.6911 吨，总氮排放量 1 736.0133 吨；总磷产生量 4 778.0907 吨，总磷
排放量 232.4653 吨；氨气排放总量 17 996.4113 吨。

8.3　水产养殖业污染源小结

昭通市水产养殖污染源普查由昭通市农业污染源普查领导小组办公室统一领导，
各县（市、区）农业污染源普查办具体实施，按照国家、省、市级的相关要求及时间
节点开展普查。普查数据来源于 2017 年统计数据，按时完成了普查任务。昭通市水
产养殖业污染物产生量化学需氧量为 556.1592 吨、氨氮为 52.1821 吨、总氮为

220.59 吨、总磷为 39.8007 吨，产生量较大的为化学需氧量，其次为总氮。水产养殖业污染物化学需氧量排放量为 382.6651 吨；氨氮排放量为 41.714 吨，总氮排放量为 173.718 吨，总磷排放量为 33.9484 吨。

8.4 地膜组污染源小结

　　昭通市地膜污染源普查由昭通市农业污染源普查领导小组办公室统一领导，各县（市、区）农业污染源普查办公室具体实施，按照国家、省、市级的相关要求及时间节点开展普查。普查数据来源于 2017 年统计局数据，针对统计数据与农业部门调查数据不相符的情况，通过与日常工作中的实际经验相结合，进行了修正，按时完成了普查任务。

　　通过本次普查可以发现昭通市地膜使用涉及地区广，覆膜作物种类多。从地域分布看镇雄县、昭阳区、鲁甸县、彝良县等地势较高，相对冷凉的区域用量较大，水富县（市）、绥江县、威信县等地势较低的江边河谷地带用量较小。从作物分布看玉米是最主要的覆膜作物，覆膜面积占全市作物覆膜面积的 54.8%，第二是烤烟占 18.65%，第三是马铃薯占 15.43%。

9 普查反映的生态环境保护问题与对策建议

9.1 普查反映的生态环境保护问题

种植业污染源普查主要存在涉水、涉气污染物氨氮、总氮、总磷、氨气、挥发性有机物五个指标，总排放量为 13 838.48 吨，氨氮占 2.0%，总氮占 29.7%，总磷占 2.4%，氨气占 60.2%，挥发性有机物占 5.8%，由此看出，种植业在化肥农药施用中还存在一定过量施用、利用率不高等情况，科学合理施用化肥农药，实施化肥农药减量行动应需加强。

畜禽养殖业：通过昭通市畜禽养殖业污染普查，由畜禽养殖业导致的环境污染问题主要有以下 4 个方面。

（1）造成大气环境污染。根据普查结果显示，2017 年，昭通市畜禽粪便的综合利用率为 78.26 %，尿液污水综合利用率为 81.28 %，未利用的粪便和尿液污水由于粪污处理设施不配套，粪污直接排放或露天堆沤，其中可挥发有机物大量释放，产生恶臭味，在一定区域内，严重污染大气环境。这种有害气体使周边生活的居民的健康受到危害，自然环境下，粪污分解的过程中会孳生蚊蝇，导致卫生防疫状况恶化。另外，粪污中大量繁殖的细菌，还可通过飞屑在空气中传播，在危害周边居民的健康的同时，也影响着畜禽养殖行业本身的防疫效果。

（2）造成水体污染。我市部分养殖场清粪方式采用水冲粪，加之部分养殖场污水处理设施不能满足污水储存需求，导致产生大量粪污的排放，根据普查结果，2017 年我市主要畜禽养殖排放粪污所含污染物化学需氧量排放量为 25 010.8627 吨。同时粪污中分解出的氮、磷、钾等营养元素，会导致水体富营养化现象产生。破坏水体生态，从而危害水源水质和渔业生产。

（3）造成土壤的污染。畜禽粪污中含有未被畜禽消化、吸收的重金属元素，造成土壤重金属污染，影响土壤利用的可持续性，甚至会引发农产品的安全问题。此外，粪污排放到土壤中，会堵塞土壤空隙，影响透气透水。虽然土壤有一定降解有机物的能力。但是过量的粪污，会因过重负荷削弱土壤对有机物质的降解自净能力，最终会阻塞土壤孔隙和造成土壤板结。

（4）造成畜禽传染病和寄生虫病传播。畜禽粪污中含大量病原微生物、寄生虫卵，畜禽粪污由于处置不当会导致病原微生物、寄生虫传播蔓延，危害人畜健康。

在普查范围内昭通市水产养殖业污染物产生量化学需氧量 556.1592 吨、氨氮为 52.1821 吨、总氮为 220.59 吨、总磷为 39.8007 吨，产生量较大的为化学需氧量，其次为总氮。水产养殖业污染物化学需氧量排放量为 382.6651 吨；氨氮排放量为 41.714 吨，总氮排放量为 173.718 吨，总磷排放量为 33.9484 吨。从养殖模式上来看，不同的养殖模式和养殖品种产排污量不一样，此次普查结果显示昭通市池塘养殖模式产量为 25 809 吨，占总养殖产量的 69.65%，池塘养殖依然是我市水产养殖业的主要养殖模式，随着养殖技术的不断成熟，高密度、高投饵率、高换水量的方式势必对局部水域环境产生一定的影响，应该给予足够的重视。

昭通市地膜残留污染普遍存在，数据显示 2017 年昭通市地膜累计残留量 3 078.2336 吨。全市 11 个县（市、区）都有地膜残留污染，其中，昭阳区 756.2015 吨，鲁甸县 424.1347 吨，巧家县 283.53 吨，盐津县 61.7158 吨，大关县 137.4032 吨，永善县 142.1497 吨，绥江县 42.6012 吨，镇雄县 716.6152 吨，彝良县 419.3999 吨，威信县 72.568 吨，水富县（市）21.9144 吨。

地膜覆盖种植在农业生产中增产效果显著，地膜使用成本低，经济效益明显，因此地膜覆盖种植模式将长期存在于农业生产中，不能取代。传统的聚乙烯地膜由于降解周期长，长时间使用对农田土壤及生态环境造成污染和破坏，而全生物可降解膜使用成本高，没有大规模推广使用。因此，地膜残留污染防治工作迫在眉睫。但是，目前开展地膜回收利用没有条件、难度很大，主要原因有以下两方面：一是种地效益比较低，农村劳动力不足，农民不愿意捡拾农膜。当前大部分中青年壮劳力以外出务工为主要收入来源，农民对种地的依赖程度和重视程度不再像过去一样高，留在农村耕种土地的大部分是老人、妇女等弱劳动力，对土地的保护意识不强，捡拾地膜费时费力，为了省工省力，大部分农民直接将残膜翻挖在地里，造成地膜残留污染突出。二是缺乏残膜回收体系，田间残膜未实现资源化回收利用。目前昭通市尚未建立系统的残膜回收机制，农户地膜使用后大多数直接翻耕在田间地头，即使少数农户愿意捡拾废旧地膜，因没有回收渠道，其处理方式基本以焚烧或丢弃在地边任其自然腐蚀降解，不能实现资源化利用。

9.2 产业布局调整对策

9.2.1 种植业

（1）化肥减量，氮磷化肥流失后进入水体，造成水体富营养化。建议按照控氮、稳磷、增钾、补素、有机和无机平衡的科学施肥技术要求，深入开展以测土配方施肥为主的化肥零增长行动，大力开展耕地质量等级调查，加快休耕示范，扩种绿肥、增施有机肥，全力推进化肥减量增效，进一步转变施肥方式，促进科学施肥技术应用，提升耕地质量，有效降低化肥流失，防止氮磷污染，夯实农业基础，促进农业持续健康发展。

（2）农药减量坚持采取措施。一是大面推广生物多样性间作技术，减少农药用量；二是推广应用抗病虫品种，减少杀菌剂、杀虫剂用量；三是做好预警监测，指导培训农民科学使用农药，提高农药应用效果；四是推广应用先进绿色防控技术和统防统治措施，减少农药施用量和施用次数；五是推广应用先进的喷药器械，提高农药应用效果和效率；六是进一步应用好农业防治、生物防治、物理防治等综合防治技术，减少农药用量；七是加强植物检疫，严防危险病虫传播蔓延危害。

9.2.2　畜禽养殖业

（1）按照《畜禽粪污土地承载力测算技术指南》要求，合理布局养殖业，使养殖业和种植业在布局上相协调、在规模上相匹配。调整养殖区域结构，宜养则养，应禁必禁，加强禁养区监管，巩固关停搬迁成果。严格养殖准入制度，严禁在水源地、村庄、城镇、景区较近的禁养区内新建、改建、扩建各类畜禽规模化养殖场（小区）。

（2）引导小规模、分散养殖向集约化、合作化、规模化转变。落实《畜禽规模化养殖场粪污资源化利用设施建设规范（试行）》，配套建设粪便、污水收集、贮存、处理、资源化利用设施，改进养殖设施工艺，完善技术装备条件。

（3）积极探索粪污全量还田、粪污专业化能源利用、固体粪便堆肥利用、异位发酵床等有效畜禽粪污资源化利用模式。加强种养结合产业发展机制和畜禽养殖粪污资源化利用能力建设，提升种养循环发展水平，提高畜禽粪污资源化利用率。

（4）严格落实畜禽规模养殖环评制度和畜禽养殖污染监管制度，依法执行环评和排污许可制度，将规模以上畜禽养殖场纳入重点污染源管理，适时公开流域内养殖场粪污资源化利用情况，接受社会监督。在规模养殖场外张贴环保监管标识，公布监管责任人和举报电话，依法严厉查处偷排漏排等违规行为。

9.2.3　水产养殖业

加强水产养殖业产业结构改革政策研究；科学合理规划布局，促进传统养殖方式的转型升级；加大资金投入，大力发展绿色生态健康养殖；加强昭通市特色名特优水产品的研究开发力度；革新渔业生产基础设施，提高渔业科技创新能力。

9.2.4　地膜

增加农田废旧地膜污染防治工作的资金投入，建立完善全市农田废旧地膜回收体系，对农户捡拾地膜进行有偿回收，弥补农户因捡拾地膜造成的用工成本增加问题，增强农户捡拾地膜的积极性，有效降低农田废旧地膜的残留污染。执法部门限制地膜生产企业，生产不符合新修订的地膜国家标准的超薄地膜，打击违法生产和销售不合格地膜的行为。农业部门加强宣传引导，让农户使用符合新修订的地膜国家标准的地膜，鼓励农户使用厚度 0.01mm 以上的农用地膜，从源头保障地膜可回收利，提高田间残膜可回收率。

9.2.5 秸秆

农作物秸秆是重要的有机肥农业资源，由于它含有作物所需营养元素，随意丢弃不仅对资源造成浪费，在房前屋后、路旁河边随意堆放，还孳生蚊蝇、腐败恶臭，污染环境；田间焚烧秸秆，既浪费了珍贵的有机物资源，还造成空气环境的污染。建议采用生产有机肥料、直接还田、过腹还田等综合利用的技术，减少秸秆废弃量，提高秸秆综合利用率，促进农业可持续发展。

昭通市农业污染源普查工作参与人员名单

昭通市：	唐永忠	唐　英	龚廷登	金　轻	张　华	唐玉凤	卢　艳	马　鹏
	胡　义	沈　阳	马　列	张翠云	唐　坤	陈　琴	璩华才	王庆华
	罗友奎	许　翀	曹　彦	曾文刚	李云国	熊洲斌	彭明辉	陆永学
	鲁兴凯	饶　军	吴光明	刘元剑	陈正陆	宋万超	韩宗灿	
昭阳区：	马　鑫	王　进	王永刚	陈　吉	陈仕学	张光能	戴唐恒	安　萍
	马祥富	刘平润	杨庆才	李平松	崔　珏	卯声良	何天奎	李云川
	狄永国	张昌品	周　勇	林登亮	吕道联	党　琪	陶捌堂	杨云海
鲁甸县：	赵　斌	庄连伟	桂龙慈	田丽华	张仕贤	陈必春	马敏俊	聂　健
	桂俊梅	张　辉	万玉贵	杨　丽	蔡　艳	谢　斌	胡兴祥	陈　兴
	蔡　旭	顾若峰	夏文富	杨　松				
巧家县：	姚孟抒	张华斌	范永茂	蒋茂翠	龚翠艳	付永翠	刘应超	周达云
	刘文斌	赵远崇	梁坤平	刘兴强	赵　荣	张昌元	夏金福	张正义
	魏　茂	万太彪	李杰 黄彦红 刘胜 王颖					
镇雄县：	李　庚	王文忠	胡　纲	周光灿	吉　勇	聂祥友	马念堂	晋方学
	朱绍清	刘　烺	方成翠	吴长飞	阮　露	马兴举	邓成杰	林德伟
	郎啟尧	严　梅	余廷泽	成信凯				
彝良县：	颜家琴	赵承坤	陈吉祥	余邦宪	向荣祥	曹昌银	董华勇	唐代静
	迟焕光	黄先文	舒海平	王明星	陈文华	李　佳	谢荣贵	周贤忠
	冯礼银	莫开永	何志强	田孝宇	马玉庚			
威信县：	张元敏	李菊芳	李碧春	魏国权	林昌碧	毛自碧	张晓玲	黄青松
	谢仕波	郭文林	曹阜彪	杨应龙	王善强	武祥飞	黄建喜	王清翠
	李富前	王艳红	李春花	邓晓东	武祥英	赵祖权	杨云庭	郑旭东
	陈祥金	晋齐海						
盐津县：	梁　波	黄　跃	毛　杰	谢永洁	杨胜勇	李星从	郑声梅	谢云惠
	邱宗玲	李　刚	王华文	杨进荣	刘作文	林安松	王　红	苏世强
	贾德凤	刘云奎						
大关县：	杨泽忠	张兴华	杨秀宽	罗国平	周世祥	罗贤成	徐帧波	何启平
	廖益辉	邹永敏	周胜林	刘天凤	夏剑梅	蔡正碧	李江波	苏应琴
	吴道雄	贾　进	胡常华	李大兴				

永善县： 郭昌芬　杨太毅　刘卫群　颜雪松　贺际跃　刘乾芬　卓维容　陈生富
　　　　 赵国洪　张　锴　李友翠　刘洪翠　黄宗美　肖邦毕　唐明凤　佘　超
　　　　 廖锡鸿　万仁菊　顾建琴　高达云　刘冰静　李忠旗
绥江县： 肖杰秋　林辉云　薛嘉兵　罗安兵　黄正会　田晓曦　邓永春　赵富奎
　　　　 钱兴林　袁曹铭　胡天旺　王道平　王德元　陈乾昭　邓长香　张连英
　　　　 钟德卫　曾　艳　刘　玉　黄孟秋　黎绍金　谭平贵
水富县： 何明勇　陈虹羽　杨文敏　王晓明　李　玲　盛廷云　樊朝芬　杜标彬
　　　　 廖　号　杨华容